Happy End

Hoffen & Handeln in der Energiewende

Michael Berger

Bibliografische Information der Deutschen Nationalbibliothek:

Die Deutsche Nationalbibliothek verzeichnet diese Publikation in der Deutschen Nationalbibliografie; detaillierte bibliografische Daten sind im Internet über http://dnb.dnb.de abrufbar.

Verlag:
Prof. Dr.-Ing. Michael Berger
Von-Behring-Str. 7
25746 Heide/Holstein
berger_fhw@gmx.de

Druck und Vertrieb:
epubli – ein Service der Neopubli GmbH, Berlin

ISBN 13: 978-3759884381

Unseren Kindern und Enkelkindern gewidmet

Möge die Erde
ein lebenswerter Ort bleiben.

Inhaltsübersicht

Vorwort

Am 13. Mai 1940 hielt Winston Churchill seine erste Rede als Premierminister vor dem britischen Parlament, dem Unterhaus, und im Deutschen ist sie bekannt geworden als Rede von „Blut, Schweiß und Tränen". Werte Leserin, werter Leser, diese Rede soll Sie auf das Buch einstimmen.

Zitieren wir mal etwas ausführlicher[1]: „Ich möchte dem Haus sagen, wie ich es denen gesagt habe, die dieser Regierung beigetreten sind: Ich habe nichts zu bieten außer Blut, Mühe, Tränen und Schweiß. Wir haben eine Tortur der schwersten Art vor uns. Wir haben viele, viele lange Monate des Kampfes und des Leidens vor uns. Sie fragen, was ist unsere Politik? Ich kann sagen: Es bedeutet, Krieg zu führen, zu Wasser, zu Land und in der Luft, mit all unserer Macht und mit aller Kraft, die Gott uns geben kann; Krieg gegen eine monströse Tyrannei zu führen, die im dunklen, beklagenswerten Katalog menschlicher Verbrechen nie übertroffen wird. Das ist unsere Politik. Sie fragen, was ist unser Ziel? Ich kann mit einem Wort antworten: Es ist ein Sieg, ein Sieg um jeden Preis, ein Sieg trotz allen Schreckens, ein Sieg, wie lang und hart der Weg auch sein mag; denn ohne Sieg gibt es kein Überleben."

Jetzt mögen Sie zurückschrecken: „Oha, das kann ich unmöglich weiterlesen. Da bekommt man ja schlechte Laune. Und was soll das mit unserem Leben und unserer Energieversorgung zu Beginn des 21. Jahrhunderts zu tun haben? Insbesondere das mit dem Krieg und der Tyrannei." Sie haben Recht. Ich bitte um Verzeihung für den Schocker gleich am Anfang und um etwas Geduld.

Glauben Sie, heute würde sich ein Politiker (oder eine Politikerin) noch trauen, so eine Rede zu halten? Zugegeben, Churchill taugt sicher nicht als Vorbild, aber er war zumindest deutlich. Ob

---

[1] https://www.fiftiesweb.com/usa/winston-churchill-blood-toil.htm, Übersetzung durch die Autoren

er immer alles erzählt hat zu den Hintergründen dieses Krieges, der ohne jeden Zweifel von „den Deutschen“ angezettelt wurde, mag man bezweifeln. Ansonsten: Hut ab. So eine Rede wäre heute eigentlich dringend nötig, uns brennt der Kittel. Aber die Politik überlässt mahnende Worte im Zusammenhang mit der Klimakrise und der Energiewende gerne irgendwelchen Organisationen oder der Wissenschaft, denn nach der Wahl ist vor der Wahl. Man will das Wahlvolk nicht erschrecken mit irgendwelchen Zumutungen. Ich habe alles im Griff, alles wird gut, ich habe die Lösungen. Die Wirtschaft wächst, die Renten sind sicher, wir bekommen blühende Landschaften, Katar liefert Gas oder auch nicht.

Nun gibt es verschiedene Arten, mit dem brisanten Doppelpack von Klimakrise und Energiewende umzugehen. Das geht vom „Blödsinn“ bis zum „Weltuntergang“. Im eher seriösen Mittelfeld findet man die Pessimisten – alles schwierig – und die Optimisten – alles machbar. Ich will versuchen, Sie mit Wissenschaft, Fakten und eigenen Ideen durch diesen Dschungel an Meinungen und Meinungsmache zu führen. Das Buch ist fachlich richtig, erhebt aber nicht den Anspruch, eine wissenschaftliche Arbeit zu sein. Es lässt sich eher als journalistischer Streifzug durch Themen der Energiewende beschreiben, kritisch und auf dem Boden der Wissenschaft. Manches haben Sie vielleicht schon mal irgendwo gehört, aber wahrscheinlich nicht so konzentriert. Rechnen Sie bitte mit Grobheiten im Plauderton. Und übrigens: Auch wenn ein Thema bierernst ist, muss es das Buch dazu nicht immer sein.

Noch eine kleine Gebrauchsanweisung zu den einzelnen Abschnitten. Das erste Kapitel versucht zu motivieren, warum wir uns überhaupt mit diesem Thema beschäftigen sollten. Dann fasst das zweite Kapitel zusammen, was wir uns für die nächsten Jahrzehnte vorgenommen haben. Dabei geht es zwangsläufig ins Detail, denn manche Überlegung muss man anhand von Zahlen ausführen, damit sie schlüssig ist. Im dritten Kapitel geht es um den Blick in die Zukunft, wie wir diese vielleicht noch, aber eher die nächsten

Generationen erleben werden. Über die Zukunft kann man bekanntlich nichts Sinnvolles sagen, aber ein bisschen Rumspinnen regt die Fantasie an. Ob Kapitel 4 in die Kategorie Satire gehört, bleibt der Leserin und dem Leser überlassen. Es ist der Teil des Buchs, bei dem man gerne etwas auslassen kann, denn nicht jeder Mythos über die Energiewende scheint der Mühe wert. Also lesen Sie gerne selektiv, denn im letzten Kapitel 5 soll noch einmal die Frage im Vordergrund stehen, was man für das eigene Leben aus dem bisher Gelesenen folgern kann. Es dürfte eher nicht das Übliche sein, das Sie überall finden können.

Apropos nachlesen: Die Literatur zum Thema Energiewende füllt inzwischen ganze Bücherwände und Terabytes an digitalen Speichern. Da hat das vorliegende Buch gerade noch gefehlt, denn es ist entstanden als Reaktion auf diese Informationsflut und aus der Notwendigkeit – oder großen Chance – heraus, ein tragfähiges Konzept für ein neues anwendungsorientiertes Forschungsinstitut zu entwickeln. Die Devise war, einen Rundumschlag zu wagen. Die Fundstellen sind fast ausschließlich aus dem Internet zwischen März und Dezember 2023, wissenschaftlich belastbar, möglichst immer die Originalarbeit, möglichst in deutscher Sprache, sodass Sie schnell tiefer bohren können, wenn Sie noch das Bedürfnis haben.

Eigentlich sollte das Werk Ende 2023 fertig werden, aber die Politik war noch langsamer, sodass als offene Prozesse beschriebene Vorgänge in der großen Mehrzahl immer noch offen und die Probleme noch aktuell sind. Aber 2030 können Sie diesen Wälzer gerne im Altpapier recyclen. Hoffentlich, denn endlich hat das Umdenken begonnen, und wir fangen an, die Endlichkeit unseres Planeten zu begreifen.

Heide / Holstein, im August 2024
Michael Berger

1. Die Krise
Oder:
Warum man sich mit der Energiewende befassen muss

Es mag Sie jetzt vielleicht verwundern, aber wir fangen mal nicht mit der Klimakrise an. Das wäre nämlich eine Steilvorlage für die Kleinredner einer möglichen menschengemachten Katastrophe. Energie haben wir ausreichend, wenn wir genügend Anlagen bauen, um Sonne und Wind anzuzapfen. Allerdings müssen wir sparsam mit unseren Rohstoffen umgehen, und darin steckt das eigentliche Problem.

Die Menge macht's

Stellen Sie sich das Beispiel mit dem Schachbrett und den Reiskörnern vor. Das kennen Sie vielleicht? Also die Geschichte geht so[2]: Der indische Weise Sissa erfand ein Spiel, in dem der König als wichtigste Figur ohne die Bauern nichts ausrichten kann, das Schachspiel. Das Spiel machte auf den König einen starken Eindruck. Um sich für die anschauliche Lehre und die Unterhaltung zu bedanken, gewährte er dem Weisen einen Wunsch.

Dieser wünschte sich Reiskörner: Auf das erste Feld eines Schachbretts wollte er ein Korn, auf das zweite Feld das Doppelte, also zwei, auf das dritte wiederum die doppelte Menge, also vier, und so weiter. Der König lachte über die vermeintliche Bescheidenheit des Weisen. Als er sich allerdings einige Tage später erkundigte, ob Sissa seine Belohnung in Empfang genommen habe, musste er hören, dass die Rechenmeister die Menge der Reiskörner noch nicht berechnet hätten. Der Vorsteher der Kornkammer meldete nach mehreren Tagen ununterbrochener Arbeit, dass er diese Menge Reiskörner im ganzen Reich nicht aufbringen könne.

---

[2] https://www.geogebra.org/m/vjmqnx9c

Rechnen wir mal nach. Ein Schachbrett hat 64 Felder, wir müssen also das erste Reiskorn 63-mal verdoppeln, um die Anzahl der Reiskörner auf dem letzten Feld zu berechnen. Dazu haben wir ja einen Taschenrechner, das sind 9.223.372.036.854.775.808. Anschließend müssen wir alle Reiskörner auf allen Felder zusammenzählen. Das hat schon einen gewissen „Unterhaltungswert". Addieren Sie mal die ersten 4 Felder (1 + 2 + 4 + 8 = 15 = 16 - 1). Oder die ersten 5 Felder (1 + 2 + 4 + 8 + 16 = 31 = 32 - 1). Erkennen Sie die Gesetzmäßigkeit? Auf allen Feldern zusammengenommen liegt also das Doppelte der oben genannten Bandwurmzahl minus 1, insgesamt sehr viele, 18.446.744.073.709.551.615 Stück.

Schätzen wir nun deren Gewicht. Vierzig Reiskörner wiegen ungefähr ein Gramm, also 40.000 ein Kilogramm und 40 Millionen eine Tonne. Wir kommen dann auf gut 461 Milliarden Tonnen. Die Jahresproduktion von Reis beträgt heutzutage etwa 500 Millionen Tonnen. Damit hätte Sissa die Reisernte aus über 900 Jahren auf dem Schachbrett vorgefunden.

So, und nun kommt die Frage, was die ganze Rechnerei soll. Sie kennen vielleicht die Diskussion um die niedrige Geburtenrate in Deutschland, aussterbendes Volk und so weiter. Zitieren wir dazu mal die Bundeszentrale für politische Bildung (bpb)[3]: „Die Reproduktion einer Bevölkerung ist gewährleistet, wenn die durchschnittliche Zahl der Kinder, die eine Frau im Laufe ihres Lebens bekommt, bei 2,1 liegt. Bezogen auf die einzelnen Staaten lag die Geburtenziffer im Jahr 2016 bei allen 28 EU-Mitgliedstaaten unter 2,1." Vergleichen wir das mit Afrika und wählen der Einfachheit halber Uganda. Dort beträgt nach Daten des Statistischen Bundesamtes die Geburtenrate (oder Geburtenziffer) 4,7. Allerdings ist auch die Kindersterblichkeit leider noch vergleichsweise hoch.

---

[3] https://www.bpb.de/kurz-knapp/zahlen-und-fakten/europa/70512/geburtenziffer/

Nehmen wir an, dass jedes Paar in Uganda im Schnitt 4 Kinder großzieht, die dann selbst wieder Kinder bekommen. Dann haben wir nach einer Generation 4 Kinder, nach zwei Generationen 2 Paare (2 junge Frauen bleiben und heiraten, 2 junge Männer gehen weg und werden durch den Ehepartner ersetzt) mit 8 Kindern, nach drei Generationen 4 Paare mit 16 Kindern und nach vier Generationen 8 Paare mit 32 Kindern. Nach jeder Generation verdoppelt sich also die Kinderzahl. Alle diese Kinder brauchen Nahrung, Kleidung, ein Dach über dem Kopf und Arbeit. Wie lange geht das gut? Sie erinnern sich: „Der Vorsteher der Kornkammer meldete, dass er diese Menge Reiskörner im ganzen Reich nicht aufbringen könne."

Achtung, jetzt folgt die Argumentation der Leute, die sich praktische Grenzen nicht vorstellen können! „Dann müssen wir eben mehr Anbauflächen erschließen, mehr Leute in der Landwirtschaft einsetzen, Treibhäuser mit mehreren Etagen nutzen, besseren Reis züchten, mehr Dünger verwenden und Brunnen bohren für mehr Wasser. Zur Not müssen wir andere Getreidesorten oder Insekten essen." Merken Sie es? Irgendetwas passt hier nicht, da gibt es einen Haken. Ich muss nämlich, wenn ich diese trickreiche Jahresproduktion aufgebraucht habe und die nächste Generation vor der Tür steht, meine Jahresproduktion mit neuen Tricks wieder verdoppeln. Dazu hätte ich dann 20 bis 30 Jahre Zeit. Das gelingt mir vielleicht, und die ganze neue Generation bekommt Kinder. Damit steht die nächste Generation vor der Tür. Es ist wie mit dem Hasen und dem Igel: Der Hase kann nicht gewinnen.

Die Natur hat hier eine ganz einfache Lösung, nämlich das Verdursten, den Hungertod oder die Unfruchtbarkeit bei Unterernährung. Wir Menschen haben inzwischen auch eine Lösung, und die heißt „gebildete junge Frauen". Die wissen dann nämlich, welches unsägliche Leid Bevölkerungswachstum für ihre Kinder bedeuten kann und wollen höchstens zweimal Nachwuchs bekommen. Außerdem können sie sich um ihr Auskommen im Alter kümmern und den Kindern dann finanziell nicht zur Last fallen. In vielen Ländern Afrikas liegt die Geburtenziffer schon deutlich unter 3. Die Frauen haben reagiert. Es wäre daher unfair, von Uganda auf einen ganzen Kontinent zu schließen.

Legen wir noch eins drauf beim Mangel. Die Menschen brauchen Kleidung und Häuser, Werkzeuge und Maschinen, Bücher (Computer?), Autos und Straßen (öffentliche Verkehrsmittel?) und damit immer mehr Baumwolle oder andere Garne, Zement oder andere Baustoffe, Stahl und Kupfer, Gummi und Kunststoffe, also kurz gesagt: mehr von allem. Selbst bei allergrößter Bescheidenheit gäbe es ein absolutes Existenzminimum, weil alles irgendwann kaputt geht. Selbst wenn wir unbegrenzt Energie hätten, bräuchten wir immer noch materielle Dinge wie Werkstoffe, um die Energie überhaupt zu ernten. Benzin und den Verbrennungsmotor durch Batterie und Elektromotor zu ersetzen, bringt also nur dann etwas, wenn wir hier den einen Teufel nicht mit dem anderen Teufel austreiben. Solche Lösungen helfen außerdem wenig, wenn auf der ganzen Welt alle Menschen mit Autos fahren wollen und diese Menschen immer mehr werden.

Immer mehr? Nehmen wir mal an, wir könnten das Bevölkerungswachstum durch eine freiwillige Zwei-Kind-Politik weltweit stoppen. Dann eröffnet sich die Frage, auf welchem Standard sich das Leben der Menschen einpendeln würde. Große Vorbilder dabei sind Europa und natürlich Nordamerika, deren Kultur sich in sämtlichen Medien verbreitet. Wer könnte weltweit den Menschen verbieten, sich auf ein Leben vergleichbar mit Europa hochzuarbeiten? Das deutsche Wirtschaftswunder gilt schließlich immer noch als Beispiel dafür, wie Länder sich aus der tiefsten Krise befreien können, wenn man an den richtigen Schrauben dreht.

Das hat aber Folgen für den Energie- und Materialbedarf. Der weltweite Pkw-Bestand ist 2022 auf knapp 1,3 Milliarden angestiegen[4]. Deutschlands Anteil daran sind knapp 49 Millionen[5]. Die Weltbevölkerung beträgt gegenwärtig etwa 8 Milliarden, die deutsche Bevölkerung zählt über 84 Millionen. Wenn also die Welt die gleiche Pkw-Dichte wie Deutschland aufweisen wollte, wären das 8 Milliarden × 49/84 = knapp 4,7 Milliarden Pkw, also mehr als das Dreieinhalbfache des jetzigen Bestandes. Oder schauen wir mal auf Nahrungsmittel. Der deutschen Milchkonsum liegt bei 47,8 kg pro Kopf im Jahr[6], der der Welt bei etwa 11,8 kg[7], also etwa einem Viertel. Stellen Sie sich bitte im Supermarkt Ihrer Wahl vor das Kühlregal mit Joghurt und Pudding. Wären wir tatsächlich weniger glücklich, wenn es nur die halbe Auswahl gäbe?

Letzte Ausflucht der Menschen, mit denen man über dieses Dilemma diskutiert, ist dann immer die Kreislaufwirtschaft, also das Recycling. Fachleute rühmen sich gerne, dass sie zum Beispiel 90 % eines bestimmten Stoffes aus den Abfällen eines Produkts zurückgewinnen und wiederverwenden können. Das ist sicher ein Grund zum Stolz und auch wichtig. Aber nehmen wir mal die Autobatterie, die ungefähr eine Lebensdauer von 10 Jahren hat. Dann haben wir nach 100 Jahren noch gut ein Drittel der ursprünglichen Werkstoffmenge übrig (0,9 × 0,9 × …), während wir im Laufe der Zeit zwei Drittel ersetzen mussten, also neu schürfen. Da macht sich gerne Ernüchterung breit. Wie steht es bei Kunststoffen? Das Verpackungsgesetz schreibt eine Recyclingquote für Kunststoffverpackungen von 63 Prozent vor[8]. Nehmen wir mal an, der

---

[4] www.umweltbundesamt.de/bild/weltweiter-autobestand

[5] www.kba.de/DE/Presse/Pressemitteilungen/Fahrzeugbestand/2022/pm10_fz_bestand_pm_komplett.html

[6] www.destatis.de/DE/Presse/Pressemitteilungen/2022/05/PD22_N034_51.html

[7] de.statista.com/statistik/daten/studie/28714/umfrage/verbrauch-von-milch-weltweit-seit-2001/

[8] www.nabu.de/umwelt-und-ressourcen/abfall-und-recycling/recycling/21113.html

Umlauf bräuchte 3 Monate. Dann haben wir nach einem Jahr noch 16 % und nach zwei Jahren noch 2,5 % übrig. Der Rest ist frisches Erdöl. Letztendlich zögert das Recycling den Verbrauch also nur hinaus, aber verhindert ihn nicht. Immerhin gewinnen wir so Zeit zum Handeln.

Denkt man die ganze Argumentation in eine Richtung zu Ende, kann man zu dem Schluss kommen: Es gibt zu viele Menschen auf der Erde. Dieter Nuhr hat in seinem Kabarett-Programm mal gefragt: „Aber wer ist zu viel?“. Damit dringt man endgültig in die Abgründe des Denkens und Handels vor. Sind wir Deutschen mehr wert als andere Menschen, und was meinen diese anderen Menschen über uns? Ich oder du! Dieses Duell wäre das Ende der Welt, wie wir sie kennen. Das befürchten die Pessimisten. Denkt man in die andere Richtung zu Ende, kann man aber auch zu dem Schluss kommen, dass wir ein ganz schlechtes Vorbild sind und deshalb unbedingt anders leben müssten, bescheidener. (Das gilt natürlich nicht für die Menschen, die sowieso schon auf Sozialhilfe angewiesen sind.) Dann würden wir dem Großteil der Menschheit keinen Anlass mehr geben, neidisch auf uns zu schauen und das Gleiche für sich zu fordern. Das hoffen die Optimisten. Aber man kann ja das eine tun – sich vorbildlich entwickeln –, ohne das andere zu lassen – sich auf Konflikte einstellen. Das wären dann wohl die Realisten.

Der fossile Sündenfall

Im 18. Jahrhundert gab es in Europa – mal wieder – praktisch keine Wälder mehr. Jedenfalls klagten die Waldbesitzer darüber und hoben die Preise an. Holz war ein wichtiger Baustoff und bis dahin der wichtigste Energieträger. Hier und da wurde wegen des Engpasses in geringem Umfang schon Steinkohle eingesetzt, aber die industrielle Revolution brachte die Sache erst richtig in Gang. Die Dampfmaschine brauchte Futter, überall auf der Welt. Großbritannien produzierte im Jahr 1700 etwa 3 Millionen Tonnen Kohle pro Jahr, bis 1900 war diese Zahl auf 224 Millionen Tonnen gestiegen. Im 19. Jahrhundert förderte das Land zwei Drittel der weltweiten Kohle[9]. Zwischen 1820 und 1900 stieg die Steinkohleproduktion in Preußen, das etwas spät dran war, von einer Million Tonnen auf das Hundertfache an[10].

Auch die Kohlendioxid-Emissionen stiegen an. Der Weltklimarat IPCC hat aus den einschlägigen Veröffentlichungen die Konzentration des Klimagases in arktischen Eisbohrkernen in der vorindustriellen Zeit für 1750 auf 278 ppm ermittelt[11]. Um 1900 lag die atmosphärische CO_2-Konzentration bereits um erstaunliche 18 ppm höher. Das kann aber nicht sein, weil die Menge an verbrannter Kohle nur zu 4 ppm gereicht hätte. Mittlerweile sind sich die Wissenschaftler darüber einig: Der vergleichsweise starke Anstieg der CO_2-Konzentration zwischen 1750 und 1900 ist eine Folge, und nicht etwa die Ursache der mit dem Ende der kleinen Eiszeit verbundenen Klimaerwärmung.

Nach so vielen Daten und Fakten wird es Zeit für einen kleinen Einschub über ein paar Fachbegriffe. Fangen wir mal mit „ppm“ oder „parts per million“ an, auf Deutsch „Teilchen pro Million anderer Teilchen“. Kann man das irgendwie anschaulicher machen? Tausend Teilchen auf eine Million entspricht genau einem Teilchen auf eintausend, also einem Promille. 400 ppm entsprechen damit 0,4 ‰. Na, da haben wir doch gleich ein besseres Gefühl. Außerdem kann nun keiner mehr sagen, dass so kleine Mengen nichts bewirken können, prosit. Die Menge macht das Gift.

Zweiter Punkt: Was ist das IPCC oder im Deutschen auch Weltklimarat genannt? Zitieren wir dazu das Bundesministerium

---

9 www.worldhistory.org/article/2201/coal-mining-in-the-british-industrial-revolution/

10 de.statista.com/statistik/daten/studie/1125413/umfrage/produktion-von-steinkohle-in-preussen/

11 cdatac.de/index.php/co2-conc/co2-konzentration-zwischen-1750-und-1900/

für Zusammenarbeit und Entwicklung: „Der Zwischenstaatliche Sachverständigenrat für Klimaänderungen (Intergovernmental Panel on Climate Change, IPCC) ist ein wissenschaftliches Gremium, das aktuelle Informationen der weltweiten Klimaforschung sammelt und bewertet. Der IPCC präsentiert regelmäßig in Berichten und Stellungnahmen seine Einschätzungen zu den Folgen des Klimawandels auf Umwelt, Gesellschaft und Wirtschaft sowie Strategien zur Reaktion darauf. Der IPCC wurde 1988 von der Weltorganisation für Meteorologie (WMO) und dem Umweltprogramm der Vereinten Nationen (UNEP) ins Leben gerufen. Er steht allen Mitgliedsstaaten der Vereinten Nationen zur Mitwirkung und als Beratungsgremium offen."

Dritter Punkt: Was ist Kohlendoxid und wie kommt das in die Kohle und wieder aus der Kohle? Dazu brauchen wir ein bisschen Chemie, aber auch nur ein bisschen. Drei der Bausteine unseres Universums sind Kohlenstoff, Sauerstoff und Wasserstoff. Pflanzen bauen daraus ihr Gerüst – Halme, Zweige, Stämme, also Zellulose oder Lignin – und speichern darin ihre Energie – Zucker, Stärke, Pflanzenöl. Das ist im Grunde wie Lego© (nicht gesponsert), nur im ganz Kleinen. Die Pflanzen können das leisten, weil das Blattgrün Chlorophyll in der Lage ist, mithilfe von Sonnenlicht aus Kohlendioxid und Wasser die besagten Stoffe wie in einer Chemiefabrik in der sogenannten Photosynthese zusammenzubauen.

Kohlendioxid müsste eigentlich Kohlenstoffdioxid heißen, weil es aus einem Baustein Kohlenstoff und zwei (-di-) Bausteinen Sauerstoff „oxidiert" wird, also CO_2. Wasser ist eigentlich Di-Wasserstoff-Oxid, also H_2O. Fruchtzucker hat die Formel $C_6H_{12}O_6$, Zellulose ist die Verbindung aus vielen $C_6H_{10}O_5$-Ketten. Man erkennt: Mehr Bausteine braucht man erstmal nicht. Bei der Photosynthese holt sich die Pflanze das CO_2 aus der Luft und das Wasser meist aus dem Boden. Damit werden große Mengen Kohlenstoff aus der Atmosphäre entfernt und in den Pflanzen eingelagert. Den übrigen Sauerstoff geben die Pflanzen an die Atmosphäre ab. Wir atmen ihn dann ein und „verbrennen“ damit bei der Nahrungsverwertung die Nährstoffe, das heißt wir gewinnen unsere Energie für den Körper und atmen CO_2 aus. Daraus ergibt sich ein ständiger Kreislauf dieser Stoffe und wir sind einigermaßen im fließenden Gleichgewicht: so viel rein wie raus. Jedenfalls waren wir das bis zur industriellen Revolution. Dann kam die Kohle.

Vor ungefähr 300 Millionen Jahren, am Ende der sogenannten Karbonzeit, gab es eine große Klimakatastrophe: Die Temperatur sank dramatisch, unser Planet verwandelte sich beinahe in einen kosmischen Schneeball[12]. Was war geschehen? Die Erde sah damals noch ganz anders aus als heute. Es gab im Wesentlichen einen großen Kontinent und einen großen Ozean. Die Konzentration von CO_2 in der Devon-Zeit (vor mehr als 360 Millionen Jahren) war extrem hoch gewesen[13], zeitweise mehr als 2000 ppm (also 2 ‰). Es herrschte ein feuchtwarmes Klima, in dem riesige Urwälder aus Farnen, Bärlapp und Schachtelhalmen wuchsen, wie gesagt eine vollkommen andere Welt mit einer anderen Weltkarte, anderen Meeresströmungen und anderen astronomischen Bedingungen was die Erdbahn, die Erddrehung und die Sonnenaktivität angeht. Durch die Verwitterung von Gestein – wir kommen noch bei der CO_2-Endlagerung dazu – und durch das Wachsen, Absterben und Überfluten der Wälder wurden riesige Mengen Treibhausgas aus der Atmosphäre entnommen und gebunden. Zeitweilig sank der CO_2-Wert auf unter 200 ppm. Folgerichtig sank die Temperatur deutlich ab und große Teile der Erde vergletscherten zu Beginn der Perm-Zeit. Wenn wir heute auf Kohle zurückgreifen, sind es genau diese versteinerten Wälder, die damals aus den erfrorenen Pflanzen entstanden. Die Natur hat also 60 Millionen Jahre lang Kohlenstoff aus lebender Materie eingelagert, den wir jetzt innerhalb weniger

---

12 www.pnas.org/doi/epdf/10.1073/pnas.1712062114

13 www.quarks.de/umwelt/klimawandel/so-funktioniert-der-natuerliche-klimawandel/

Hundert Jahre wieder in die Luft blasen. Irgendwie hinterlässt das ein gewisses Unbehagen.

Mit Blick auf die deutsche Steinkohleindustrie könnte man meinen, das Thema Kohle sei eigentlich durch. Wir erinnern uns: Um 1900 förderten Großbritannien und Preußen zusammen etwa 330 Millionen Tonnen im Jahr. Im Jahr 2020 ist die Menge auf 7.000 Millionen Tonnen[14] weltweit angestiegen, und das alles will ja auch verbrannt oder zum kleinen Teil verarbeitet werden. Nach dem Zweiten Weltkrieg haben wir dann zu allem Überfluss auch noch begonnen, die flüssigen und gasförmigen fossilen Lagerstätten anzuzapfen. Diesmal waren es das Auto und die Gasheizung, die Futter brauchten, mal abgesehen von Kunststoffen und Kunstdünger. Die Welt hängt am Tropf der fossilen Energieträger, und die Frage ist, ob dieser Sündenfall uns nicht aus dem Paradies namens Erde vertreiben wird.

Klimaforschung

Am Morgen des 27. März 1958 starteten die kontinuierlichen Messungen des CO_2-Gehalts in der Luft auf dem Mauna Loa[15], einem Vulkan auf Hawaii, weit weg von jeder Zivilisation mitten im Pazifik 3.400 m über Meeresspiegel. Initiator dieser Messung, die seitdem falls möglich täglich durchgeführt wird, war der Chemiker Charles David Keeling aus Kalifornien. Der erste Messwert ergab nach einer Korrektur knapp 316 ppm, also schon mal 38 ppm über den Bohrkerndaten für das Jahr 1750. Wieso kommt jemand auf die Idee, eine solche Messung durchzuführen, dafür auch noch Geld zu sammeln und die Strapazen auf sich zu nehmen? Nachdem verschiedene Wissenschaftler die Idee entwickelt hatten, dass Spurengase in der Atmosphäre den Wärmehaushalt der Erde

---

[14] www.iwr.de/news/weltmarkt-steinkohle-china-foerdert-2020-mit-abstand-die-meiste-kohle-news37184

[15] www.sueddeutsche.de/wissen/klimawandel-eine-kurve-veraendert-die-welt-1.277211

beeinflussen könnten,[16] schätzte der Schwede Svante Arrhenius 1896 die Wirkung der Verdopplung der Kohlendioxid-Konzentration auf die mittlere Temperatur auf etwa 5 °C[17] ab. Aber grau ist ja bekanntlich jede Theorie, eine zuverlässige Messung musste her, so meinte jedenfalls Herr Keeling.

Wie kann man sich diese Klimawirkung vorstellen? Ungefähr so, wie beim Mikrowellen-Herd: Man erzeugt ganz kurze Radiowellen, die die Wasserteilchen in den Nahrungsmitteln zum Schwingen bringen. Im Falle des Treibhauseffekts kommen die Radio-, Mikro- oder Lichtwellen von der Sonne und erwärmen den Erdboden. Der warme Boden gibt dann einen Teil der Wärme wieder als Strahlung ab, allerdings im Infrarot-Bereich. Man kann das merken, wenn man nach einem warmen Sommertag an einer Ziegelmauer vorbeigeht: Sie strahlt. Bestimmte Gase – CO_2, Methan oder Lachgas – sind nun in der Lage, diese Wärmestrahlung daran zu hindern, wieder zurück ins Weltall zu gelangen. Sie heizen sich nämlich selbst auf, wenn die Wärmestrahlung zurückwill, und strahlen dann in alle Richtungen, also teilweise in den Weltraum und teilweise zurück zu Erde. Fertig ist der Treibhauseffekt. Bevor nun jemand mit einem „Ja-Aber" um die Ecke kommt: Wasserdampf kann das auch, aber bei dessen Erzeugung sind wir Menschen ein kleines Licht gegen die Menge, die die Ozeane abgeben, und damit herrschte da lange vor uns ein Gleichwicht, das wir gestört haben.

Messen wir nur auf Hawaii? Nein, denn in den experimentellen Wissenschaften gilt: *Eine* Messung ist *keine* Messung. Inzwischen gibt es ein ganzes Netzwerk von Messstationen weltweit[18].

---

[16] www.pci.tu-bs.de/aggericke/PC2/Kap_II/GeschichteTreibhauseffekt.htm

[17] www.umweltbundesamt.de/themen/klima-energie/klimawandel/klima-treibhauseffekt#geschichtliche-eckdaten-der-erforschung-des-treibhauseffektes-

[18] gawsis.meteoswiss.ch/GAWSIS/#/

Darunter findet sich übrigens die Station Hohen Peißenberg zwischen München und den Alpen, die seit 1781 zwar kein CO_2, aber andere meteorologische Daten erfasst, und sich damit als wertvoller Schatz für die Klimaforschung weltweit erwiesen hat[19].

Was sagen denn nun die Messdaten? Orientieren wir uns an folgender Argumentationskette:

1. Gibt es den Treibhauseffekt und ist CO_2 daran beteiligt?
2. Steigt die CO_2-Konzentration in der Erdatmosphäre?
3. Wenn ja, woher kommt der Kohlenstoff?
4. Kann man die Treibhauswirkung bereits erkennen?

Um Sie für die folgenden Antworten etwas zu motivieren, vielleicht nochmal zwischendurch die Anmerkung, dass es hier nicht um Simulationen oder Berechnungen – also graue Theorie – geht, sondern um Messergebnisse und damit aus wissenschaftlicher Sicht um Fakten. Wenn alle Fragen mit ja beantwortet werden können, ist die menschengemachte Klimakrise bereits da. Also legen wir los.

Man kann den Treibhauseffekt im Labor nicht nachweisen. Die grundsätzlichen Mechanismen sind zwar seit hundert Jahren bekannt, aber unsere Luftschichten über der Erde erweisen sich als ein ziemlich kompliziertes System, dass man nicht nachbauen kann. Mittlerweile gibt es aber ein Gerät[20], mit dem man die Wärmestrahlung, die von der Atmosphäre zur Erde zurückgeworfen wird, direkt im offenen Gelände messen kann. Da jeder Stoff in der Luftschicht sozusagen seinen eigenen „Fingerabdruck" hinterlässt, kann man in der Wärmestrahlung auch klar die verschiedenen Klimagase und Wasserdampf unterscheiden, also genau das, was wir brauchen. Amerikanische Spezialisten haben nun im März

---

[19] www.dwd.de/DE/forschung/atmosphaerenbeob/zusammensetzung_atmosphaere/hohenpeissenberg/start_mohp_node.html

[20] new.abb.com/products/measurement-products/analytical/space-defense-systems/atmospheric-emitted-radiance-interferometer-aeri

2015[21] Messungen vorgelegt und gezeigt, dass zwischen den Jahren 2000 und 2010 mit dem Anstieg der CO_2-Konzentration die entsprechende Abwärts-Wärmestrahlung im zu befürchtenden Maß zugenommen hat. Damit konnten sie nachweisen, dass die Modelle und Berechnungen richtig sind. Sie haben die Natur gefragt, und die Natur hat ein Häkchen drangemacht. Unsere erste Frage müssen wir also mit „ja" beantworten.

Zweite Frage: Die CO_2-Konzentration in der Luft ist gegenwärtig so hoch, wie seit 10 Millionen Jahren nicht mehr, und sie steigt kontinuierlich an, wie verschiedene Messstationen regelmäßig melden, siehe oben. Der Wert im März 2023 war 421 ppm[22] auf Hawaii, also ja.

Dritte Frage: Ja, man kann erstaunlicherweise eindeutig nachweisen, dass dieser Kohlenstoff aus fossilen Lagerstätten stammt[23]. Das geschieht mit der sogenannten Radiokarbonmethode, die darauf basiert, dass es vom Kohlenstoff drei natürliche Arten, sogenannte Isotope, gibt, nämlich ^{12}C, ^{13}C und ^{14}C. Der meiste Kohlenstoff ist ^{12}C mit knapp 99 %. Das radioaktive ^{14}C kommt nur in Spuren vor. Die Halbwertszeit von ^{14}C erweist sich mit 5730 Jahren als besonders günstig zur Datierung von archäologischen Funden. Wenn Pflanzen absterben, nehmen sie keinen Kohlenstoff mehr aus der Luft auf. Auch Tiere, die sich nach dem Tod nicht mehr von Pflanzen oder anderen Tieren ernähren, nehmen keine natürliche Kohlenstoff-Mischung auf. Deshalb sinkt in allen organischen Resten (zum Beispiel Kohle oder Mineralöl) der Anteil des ^{14}C durch radioaktiven Zerfall. Nach 5730 Jahren findet man nur noch die Hälfte, etwa so wie beim Ötzi mit 53 % entsprechend seinem Tod vor 5281 Jahren. Nach weiteren 5730 Jahren findet man nur noch ein Viertel und so weiter. Nach 300 Millionen Jahren

---

21 www.spektrum.de/lexikon/geowissenschaften/treibhauseffekt/16900
22 gml.noaa.gov/ccgg/trends/
23 www.ardalpha.de/wissen/umwelt/klima/klimawandel-mensch-ursache-co2-emissionen-klima-planetb-100.html

enthält die Kohle praktisch kein ^{14}C mehr, das ist nämlich nach 50.000 Halbwertszeiten nahezu vollständig zerfallen. Wenn ich diese Kohle verbrenne, entsteht ein CO_2, das fast nur ^{12}C enthält. Im CO_2 in der Luft findet sich dann eine Mischung aus der natürlichen und der fossilen Zusammensetzung, die man eindeutig nachweisen kann.

Vierte Frage: Wer 2000 geboren ist, hat 2022 mit 23 Lebensjahren die 15 wärmsten Jahre in Deutschland seit Beginn der Wetteraufzeichnung 1881 miterlebt[24]. Davon waren 2022, 2018 und 2020 die Spitzenreiter. Inzwischen kommt noch 2023 dazu. Das ist wie ein Spiel mit gezinkten Würfeln, bei dem gegen Ende fast nur Sechsen fallen: Sie würden irgendwann vom Tisch aufspringen und „Betrüger" schreien. Daher erhebt sich die Frage, ob dieser Anstieg auch andere Hintergründe als den Treibhauseffekt haben kann. Man weiß aus der Klimageschichte, dass die Sonnenaktivität, die Erddrehung und die Erdumlaufbahn eine gewisse Rolle spielen können. Die Lage der Erdachse und die Erdbahn um die Sonne verändern sich innerhalb von Zehntausenden von Jahren und haben deshalb so kurzfristig keine Auswirkungen. Die Sonnenaktivität verharrt seit etwa 1980 auf ungefähr konstantem Niveau - abgesehen von Schwankungen mit dem 11-jährigen Aktivitätszyklus der Sonne[25]. Auch hier sind innerhalb des interessanten Zeitraums keine Besonderheiten bemerkbar. Vulkanausbrüche haben eher eine kühlende Wirkung auf das Klima und der Effekt verliert sich in der Regel innerhalb weniger Jahre[26]. Am Ende bleibt also für diesen langsamen Temperaturanstieg als wissenschaftliche Erklärung wirklich nur der Treibhauseffekt. Die Klimakrise steht also nach wissenschaftlichen Erkenntnissen schon im Hausflur.

---

[24] de.statista.com/statistik/daten/studie/164050/umfrage/waermste-jahre-in-deutschland-nach-durchschnittstemperatur/

[25] www.mpg.de/forschung/sonnenaktivitaet

[26] www.deutsches-klima-konsortium.de/de/klimafaq-11-2.html

Nun ist der Autor dieses Buches zwar (natur-)wissenschaftlich ausgebildet, aber kein Klimaforscher. Er hat die Messungen nicht selbst durchgeführt, die wir zur Argumentation herangezogen haben. Die Messmethoden aus der Physik und Chemie und die Forschergruppen sind den allermeisten von Ihnen fremd, und ein Rest an Skepsis bleibt. Man erkennt höchstens in der Umgebung, dass die Pflanzen vertrocknen oder es einen ungewöhnlich heftigen Sturm gab. Man erinnert sich an die Kindheit, in der Sommertemperaturen über 30 °C noch eine Meldung wert waren. Man sieht auch die Schäden in den Wäldern, aber Betroffenheit geht anders. Betroffen bin ich, wenn ich unter der Hitze leide, wenn es Lebensmittelengpässe gibt oder wenn ich meine Lebensführung sonst irgendwie einschränken muss.

So ein bisschen kann man das mit dem Verhältnis zu unserem Körper vergleichen: Wir gehen mal zum Arzt, weil es in der Herzgegend zwickt. Der Arzt misst einen zu hohen Blutdruck, hohe Blutzucker- und Blutfettwerte und Ablagerungen in ein paar wichtigen Adern. Alles sind schöne Zahlen und bunte Bildchen, aber ob das so stimmt und was das bedeutet, bleibt in der Schwebe. So richtig schlecht geht es uns jedenfalls nicht. Die Empfehlung lautet: weniger essen, gesünder leben, mehr Bewegung und regelmäßig ein paar Tabletten nehmen, sonst droht der Herzinfarkt. Damit ist das Thema meistens erledigt, das Leben kann weitergehen. Ab und zu nimmt man in den Medien noch einmal teilweise widersprüchliche Meldungen zu den Gesundheitsthemen wahr, aber das geht rauf und runter, je nachdem, wie die Journalisten gerade Zeit haben. Außerdem wollen die Arztpraxen und Apotheken auch nur verdienen. Den Infarkt bekommen schließlich immer nur die anderen.

Panik ist sicher nicht angebracht, und im Angesicht des Todes kann man seinen Alltag auch nicht so recht genießen. Die Frage ist also eher: Was tut mir gut? Damit befasst sich dieses Buch. Was tut unserem Leben auf der Erde gut?

Politik in der Krise

Man findet immer Schuldige dafür, dass es zur Klimakrise gekommen ist: die Industrie, die Autofahrer, die Politik, die Ölmultis, die Weltverschwörung. Aber wir kennen verschiedene Arten von Schuld. Das Strafgesetzbuch unterscheidet zwischen Vorsatz und Fahrlässigkeit. Wir dürfen getrost unterstellen, dass es eine Reihe von Interessenvertretern gibt, die die Krise mit Blick auf ihren persönlichen Vorteil – wie man so schön sagt – billigend in Kauf genommen haben. Insbesondere, wenn kritische Personen aus der Wissenschaft von diesen Vertretern wegen ihrer Aussagen persönlich statt fachlich angegriffen wurden (und werden), muss man wohl mit Blick auf die Beweislage von Vorsatz ausgehen. Diese Menschen zur Umkehr zu bewegen, dürfte ein nahezu aussichtsloses Unterfangen sein. Wir werden uns dem Thema noch einmal im Abschnitt über die Bunkermentalität zuwenden.

Grundsätzlich wäre es sicher möglich, mit den entsprechenden politischen Mehrheiten in den Parlamenten solchen Vorsatz mit Beschlüssen und rechtlichen Vorgaben in den Griff zu bekommen. Da das nicht konsequent geschieht, kann man durchaus von einer politischen Krise sprechen. Bezeichnend dafür ist beispielsweise das Urteil des Bundesverfassungsgerichts vom 24. März 2021[27], das besagt: „Mit heute veröffentlichtem Beschluss hat der Erste Senat des Bundesverfassungsgerichts entschieden, dass die Regelungen des Klimaschutzgesetzes vom 12. Dezember 2019 über die nationalen Klimaschutzziele und die bis zum Jahr 2030 zulässigen Jahresemissionsmengen insofern mit Grundrechten unvereinbar sind, als hinreichende Maßgaben für die weitere Emissionsreduktion ab dem Jahr 2031 fehlen. … Die zum Teil noch sehr jungen Beschwerdeführenden sind durch die angegriffenen Bestimmungen … in ihren Freiheitsrechten verletzt.“ Offenbar musste das

[27] www.bundesverfassungsgericht.de/SharedDocs/Pressemitteilungen/DE/2021/bvg21-031.html

Gericht der Parlamentsmehrheit auf diese Weise zu verstehen geben, dass das Thema Klimaschutz mit dem Gesetz (mal wieder) in eine unbestimmte Zukunft verschoben worden war. Nur: Warum handeln Parlamente und Regierungen so, wo doch mittlerweile nicht nur die Indizien in Form von Berechnungen, sondern sogar die Fakten in Form von Messungen auf dem Tisch liegen?

Machen wir uns die Antwort auf diese Frage nicht zu einfach, auch, weil zwischen Politikverdrossenheit und Radikalisierung ein schmaler Grat verläuft. Wer also über Politikerinnen und Politiker schimpft, sollte sich an die eigene Nase fassen und sich fragen, warum sie oder er sich nicht auch engagiert. Das fängt bei der Elternvertretung in der Schule an und geht über den Vereinsvorsitz und die kommunalen Gremien bis zum Europaparlament. Mangelnde Eignung kann man als Begründung da noch gelten lassen, bei mangelnder Neigung spielen schon wieder Unlustgefühle oder andere Prioritäten eine Rolle. Man will nicht so weit im Vordergrund stehen, man hat Angst vor Anfeindungen oder dem Scheitern, es ist einem zu aufwändig und mit Beruf, Familie und Freizeit nicht zu vereinbaren. Vieles taugt als Ausrede.

Warum entscheidet also jemand, in die große Politik zu gehen, und wie verändert die Arbeit diese Menschen? In Gesprächen stellt sich immer wieder heraus, dass es mit Überlappungen drei verschiedene Typen gibt, die aus der Allgemeinheit der Abgeordneten hervorstechen: die Überzeugungstäter, die Abgesandten und die Karriereorientierten. Wer sich aus Überzeugung wählen lässt, verspürt meistens eine innere Mission, die Welt in irgendeiner Weise zu verändern. Ob sich dabei langfristig der Erfolg einstellt, hängt meist vom Durchhaltevermögen, der Durchsetzungskraft und den Mehrheiten hinter der Überzeugung ab. Das persönliche Risiko der Abwahl bleibt allgegenwärtig, die Sorge darüber auch, weil: Was käme danach? Diese bohrende Frage scheint Veränderungen in den Personen zu bewirken, bis hin zur Resignation.

Wer dagegen seiner Gruppe – Unternehmen, Verbände, Vereine – als Abgesandter dient (Typ 2), vertritt meist vorher abgestimmte Meinung im hauptberuflichen Auftrag, arbeitet also wie ein Lobbyist, nur direkt im Parlament oder in den Ministerien. Als Lohn dafür winkt eine berufliche Absicherung auch über den Abgeordnetenstatus hinaus; man findet danach Verwendung im Management oder in einer Interessenvertretung. Hier ist die Frage, ob das Fell dick genug ist, um nicht im Laufe der Diskussionen mit Andersdenkenden zu neuen Erkenntnissen zu gelangen. Den dritten Typ kennzeichnen Menschen, die Politik als Beruf gewählt haben, ob nun aus Interesse oder mangels Alternativen. Dabei spielen persönliche Überzeugungen häufig eine Nebenrolle, man wählt sich die Partei als Sprungbrett, die die beste Perspektive zu bieten scheint, und vertritt dort populäre Standpunkte. Im Erfolgsfall – dem Gewinn von Wählerstimmen – und sofern die parteiinternen Wettbewerber es zulassen, trägt das Parteiprogramm irgendwann die eigene Handschrift. Ansonsten sichert das Mandat zumindest befristet eine gewinnbringende Beschäftigung und ein großes Netzwerk, in dem man weitere Karriereschritte vorbereiten kann.

Diese Darstellung mag grob und unfair sein, aber eine solche Zuspitzung öffnet den Blick auf die politische Wirklichkeit: Natürlich wären Politikerinnen und Politiker in ihren Entscheidungen grundsätzlich unabhängig. Aber bei allem, was sie sagen und tun, müssen sie bedenken, wer ihnen ihr Mandat sichert. Das sind neben den Menschen, die sie wählen, auch immer die Parteien und Interessengruppen, für die sie antreten. Es hilft nichts, wenn man beim Wahlvolk beliebt ist, aber nicht als Kandidatin oder Kandidat aufgestellt wird, aus welchen Gründen auch immer.

Bei der Energiewende werden wir zwar alle mit Blick auf die Klimakrise über kurz oder lang zu den Gewinnern zählen, das sehen aber manche Menschen anders, insbesondere natürlich diejenigen, die von den fossilen Energieträgern leben oder damit ihre Gewinne erwirtschaften. Keine Stadtwerke-Geschäftsführung bricht in Jubel aus, wenn die Perspektive für Gasheizungen 2050 nur eine einzige ist, nämlich keine. Da die Gasnetzbetreiber einen großen Teil ihres Geldes in der Erde verbuddelt haben, bedeutet das Aus für die Gasleitungen, dass der Wert solcher Unternehmen deutlich schrumpft. Also versucht man, sich mit dem Aufrüsten auf Wasserstoff über die Runden zu bringen, auch wenn das auf absehbare Zeit viel zu teuer für den Verbraucher sein wird. Mit dem nächsten Heizungswechsel, der bis 2050 beinahe sicher erforderlich ist, werden zwar den Versorgern reihenweise die Kunden davonlaufen, aber erstmal ist der Geschäftsführung das Hemd näher als die Hose, soll heißen: Die Gesetzeslage muss so angepasst werden, dass die Gasleitungen noch möglichst viel Geld abwerfen, Klima hin, Klima her. Im Übrigen kann es auch der Lokalpolitik nicht gleichgültig sein, wenn bei der Versorgung der Haushalte Lücken auftreten, und niemand hat Geld für ein Nahwärmenetz.

Ähnliche bremsende Mechanismen lassen sich für künstliche Treibstoffe im Pkw – e-Fuels –, für die Gas- und Ölförderung oder für den schönen Kaminofen nennen. Es geht zu schnell, es ist doch noch gar nicht sicher, es ist zu teuer, es kostet mich den Arbeitsplatz, nach mir die Sintflut. Also geht man ran an die Gesetze, ob in Berlin, Brüssel oder Washington, und zwar mit allen Möglichkeiten vom vermeintlich wissenschaftlichen Gutachten über fette Schlagzeilen in der Tageszeitung bis zum gehaltvollen Gespräch mit einzelnen Abgeordneten. Eine demokratische Auseinandersetzung ist grundsätzlich zu begrüßen, niemand hat gerade in dieser Angelegenheit die Weisheit mit Löffeln gefressen. Aber wenigstens über das Ziel sollte man sich einig sein.

Das ZDF veröffentlicht regelmäßig in seinem sogenannten „Politbarometer“ die Liste der beliebtesten Politiker, zusätzlich mit Angaben, wer denn nun zu den Gewinnern und Verlierern seit der letzten Befragung zählt. Woran sich das Werturteil der Befragten allerdings fest macht, bleibt unklar. Ist sie oder er nett, hübsch oder sonst irgendwie sympathisch? Hat derjenige oder diejenige außerdem in meinem Interesse gehandelt? Liebes ZDF, das kann es nicht gewesen sein, dazu bezahlen wir keinen öffentlich-rechtlichen Rundfunk. Die Frage des Politbarometers in unserem Sinne müsste heißen: Wer hat am meisten gegen die Klimakrise getan? Wer hat den Mut gehabt, in seinem Wahlkreis Klartext zu reden? Wenn wir uns über Politiker ohne Ecken und Kanten beschweren, sollten wir uns vielleicht erneut an die eigene Nase fassen und uns fragen, ob wir solche Charakterköpfe – abgesehen vom Unterhaltungswert – nicht dringend bräuchten.

Kommen wir noch zu einem sehr heiklen Thema, nämlich der Frage, ob die Demokratie überhaupt in der Lage ist, eine Krise dieser Art zu bewältigen. Mehr als einmal hört man das Argument, dass China ja ein Vorzeigemodell sei, wenn es um die rasche Umsetzung von Großprojekten ginge. Da würde nicht lange palavert oder gefackelt, und ruckzuck sei alles erledigt. Das sei doch genau das, was man jetzt brauche. In seinem Buch „Kollaps" hat sich Jared Diamond ausführlich mit diesem Thema befasst, und er kommt zu dem Ergebnis, dass bis auf eine Ausnahme Diktaturen bisher immer schädlich für die Umwelt gewesen seien. Das kann nicht besonders überraschen, denn das vorrangige Ziel eines autoritären Regimes ist der Erhalt der absoluten Macht für eine kleine gesellschaftliche Gruppe. Dazu sind erhebliche finanzielle Verfügungsgewalt sowie Machtinstrumente wie ein Regierungsapparat, ein Militärapparat und eine Propagandaabteilung erforderlich, die man allesamt bei Laune halten muss. Eine Diktatur muss sich weder an nationale Gesetze noch an internationale Konventionen halten. Sie kann nach Belieben Wälder roden, Flächen versiegeln, Flüsse umleiten, Luft und Boden verschmutzen und Menschen ausbeuten. Gegen möglichen Druck von außen erhöht man die Rüstungsanstrengungen, was weitere Ressourcen bindet. Die Opposition bezeichnet man als ausländische Agenten und schikaniert, inhaftiert oder tötet diese Menschen wegen ihrer anderen Ansichten.

Nehmen wir in einem Gedankenspiel kurz Abstand von diesen hässlichen Auswüchsen und unterstellen einen „guten Diktator“, der – ausgestattet mit umfassender Entscheidungsgewalt – auf das Problem Klimakrise angesetzt wird. Es darf gerne auch eine Diktatorin sein. Der deutsche Psychologe Dietrich Dörner hat schon ab 1970 Computer-Experimente gemacht, wozu solche Vollmachten in komplexen Situationen führen,[28, 29] nämlich in der weit überwiegenden Zahl der Fälle direkt in die Katastrophe. Atomkraft: ja oder nein? Synthetische Treibstoffe: ja oder nein? Heizen mit Wasserstoff? Autofahren mit Batterie oder Brennstoffzelle? Innerdeutsche Flüge verbieten? Keine Energiepflanzen mehr anbauen? Kohleausstieg schon 2030? Ammoniak oder Methanol in der Schifffahrt? Möchten Sie gerne entscheiden?

Es wird uns wohl nichts anderes übrigbleiben, als gemeinsam um den richtigen Weg zu ringen, uns alle einzumischen, uns alle kundig zu machen und dann gemeinsam Fehler zu begehen, zu verantworten und zu korrigieren. Wir müssen wahrscheinlich die demokratischen Prozesse aushalten, ob im Stadtrat oder in der UN-Klimakonferenz. Dass die Krise kommt, deutete sich schon 1972 mit den „Grenzen des Wachstums“ des Club of Rome an. Jetzt, mehr als 50 Jahre später, wird es eng, und die Demokratie erscheint uns als quälend langsam. Aber zitieren wir mal aus dem Gesetzestext von CDU/CSU und FDP zum Atomausstieg vom 30. Juni 2011[30]: „C. Alternativen Keine.“ Also ist die Sache alternativlos, wenn wir denn nur wollten.

---

[28] www.spiegel.de/kultur/ueberall-tanaland-a-fb5c21cc-0002-0001-0000-000041496567

[29] tu-dresden.de/mn/psychologie/ifap/allgpsy/ressourcen/dateien/lehre/lehreveranstaltungen/goschke_lehre/ss2013/folder-2013-04-15-9955666685/V05_Komplexes_Problemlsen.pdf?lang=de

[30] dserver.bundestag.de/btd/17/060/1706070.pdf

Die Krise in uns

Der bekannte Fernseh-Professor Harald Leesch, mittlerweile auch älter als 60, machte in einer Sendung mal die Anmerkung: „Unsere Generation hat versagt.“ Das ist irgendwie richtig, und der Kollege ist aller Ehren wert. Diese Anmerkung macht betroffen, sie bringt uns aber auch in eine Art Abwehrhaltung. Welche Chancen hätten wir denn gehabt, außer die gesamten Lehrsätze der Volkswirtschaftslehre und deren Mechanismen anzuzweifeln? Wirtschaftswachstum, Freihandel und Marktwirtschaft sind interessante Ideen, die noch beweisen müssen, dass sie nützlich sind.

Das Feststellen des Versagens unserer Generation birgt noch einen zweiten negativen Aspekt: Es stellt die Lebensleistung der Älteren infrage und provoziert auch hier wieder eine Abwehrhaltung. Der fossile Sündenfall ist schließlich Sache unserer Ururgroßeltern, und die haben sich mit Begeisterung den neuen Technologien zugewandt, jedenfalls die Gewinner. Dahinter stand das Versprechen auf Wohlstand, genügend zu essen, eine geregelte Arbeit, Gesundheit und ein bescheidenes Vermögen. Harte Arbeit schien der einzige Weg, sich nach oben zu kämpfen, wo immer das damals sein mochte. Der Kaiser diktierte, die Fürsten und Industriebarone entschieden. Basta! Nach dem Ersten Weltkrieg musste man erstmal Demokratie üben, dann gab es von 1933 bis 1945 demokratischen Leerlauf. Einige Entscheidungen im Dritten Reich haben die Weichen für wichtige Technologien gestellt, von der Elektronik bis zur Raumfahrt. Es war sozusagen der Triumph der Dummheit, denn es ging Hitler nur darum, der Größte zu sein. Vom Gegenstand der Entscheidungen hatte er keine Ahnung.

Beim Wiederaufbau Europas drehte sich dann auch wieder alles nur um Essen, Wohnen und Arbeiten, atemlos vom Notstand in den Wohlstand. Der Konsum wurde angekurbelt, der Fresswelle folgte die Edelfresswelle. Damals dachte noch niemand an Umweltschäden. Der rauchende Fabrikschlot war das Symbol einer brummenden Wirtschaft. Das Umweltbewusstsein entwickelte sich spät[31], das Umweltrecht[32] noch später. Hohe Wellen schlug 1973 der Fernsehfilm „Smog“ von Wolfgang Menge[33], in dem die Folgen der Luftverschmutzung im Ruhrgebiet der Siebzigerjahre für die Betroffenen im harten Gegensatz zu den Interessen von Politik und Unternehmen dargestellt wurden. Natürlich unternahmen die „Angeklagten“ im Vorfeld Versuche, gegen die Ausstrahlung anzugehen, jedoch vergeblich[34]. Die Mechanismen kommen einem auch heute noch sehr bekannt vor.

Aber was sollte man als Sechzehnjähriger 1973 schon tun? Die Mehrheit im Bundestag hat damals wie heute das letzte Wort, selbst wenn man noch so viele Zweifel daran hegt, dass die Abgeordneten frei entscheiden. Das Bundesverfassungsgericht mischt sich nur ein, wenn jemand klagt und das Grundgesetz betroffen ist. Widerstand gegen solche demokratischen Entscheidungen endet in radikalen Positionen. Wir wären in den Siebzigerjahren zu komischen Heiligen geworden und hätten in direkter Linie auf die Schlussfolgerungen der 68er-Generation[35] zugesteuert. Wer das Geld hat, hat die Macht. Wer die Macht hat, hat das Recht? Macht kaputt, was euch kaputt macht? Als so junger Mensch wurde man bestenfalls belächelt. Wir zitieren mal: „Wenn man als Schüler die Wahl zwischen Deutschunterricht und Demo hat, geht man natürlich zur Demo. Bei der Wahl zwischen Play-Station und Demo sähe es bei manchen wohl anders aus.“ Das Zitat kommt Ihnen

---

31 www.bpb.de/shop/zeitschriften/izpb/umweltpolitik-287/8971/umweltbewusstsein-und-umweltverhalten/

32 www.kas.de/c/document_library/get_file?uuid=45c5f490-f212-96fb-8894-84c2fee510dd&groupId=252038

33 www.filmportal.de/film/smog_7201d8de73a54bff8d4acb418cf0b25a

34 zeitgeschichte-online.de/film/bleiben-sie-bitte-zu-hause-ihrer-gesundheit-zuliebe

35 www.bpb.de/shop/zeitschriften/apuz/26230/die-68er-generation/

irgendwie merkwürdig vor? Es stammt aus dem Jahr 2019[36] und gilt Fridays for Future. Wie sich die Bilder gleichen.

Also machte man sich als Schulabgänger auf den Weg in die Gesellschaft mit Ausbildung, Beruf und Familie. Man übernahm Verantwortung im Kleinen, man konnte und wollte nicht mehr nur für sich selbst entscheiden, und so eine monatliche Gehaltszahlung beruhigt enorm. Gab es wirklich keine Gelegenheit zum Widerstand? Doch, aber zumindest der organisierte Widerstand war eine krause Mischung aus Friedensbewegten, Atomkraftgegnern[37], Öko-Aposteln, Hippies und DDR-gesteuerten Kommunisten, und diese Aufzählung erhebt keinen Anspruch auf Vollständigkeit. Historische Vergleiche sind zwar immer gefährlich, aber die damalige Wahrnehmung durch die Mehrheit in der Gesellschaft unterschied sich vermutlich wenig von der heutigen Wahrnehmung von der Querdenkerszene, sozusagen Kraut und Rüben, von den Verschwörungstheoretikern bis zu den Esoterikern. Es war keine Szene, mit der man sich in den Siebzigerjahren ohne echte Not gemein gemacht hätte, trotz aller Kenntnis der Klimaprognosen. Das Gefühl lässt sich am besten mit Zeilen aus einem Lied von 1974 von Reinhard Mey[38] beschreiben: „Und es passt, was ich mir denke, auch wenn ich mich sehr beschränke, nicht auf einen Knopf an meiner Brust.“ Kernkraft nein danke, das war zu wenig Antwort auf die Frage, was man denn für Alternativen sah. Außerdem hatte man nur Argumente für Notwendigkeit eines solchen Wandels, wenn man den Simulationen und Berechnungen der Klimaforscher Glauben schenkte, und dazu brauchte man schon einen gewissen fachlichen Einblick in diese Wissenschaft. Heute spüren wir

---

36 www.focus.de/politik/deutschland/politik-dj-tief-schwarz_id_11207520.html

37 www.bpb.de/shop/zeitschriften/apuz/59680/eine-kurze-geschichte-der-deutschen-antiatomkraftbewegung/

38 www.songtexte.com/songtext/reinhard-mey/bevor-ich-mit-den-wolfen-heule-73da0619.html

die Veränderungen am eigenen Leib, das ist Vorteil und Nachteil zugleich. Alle albern so lange herum, bis einer heult.

Heute ist die Klimakrise in der Mitte der Gesellschaft angekommen. Greta Thunberg diente vielen jungen Menschen als Identifikationsfigur. Das höchste deutsche Gericht entschied zugunsten der nächsten Generation. Es gibt jetzt jeden Grund, die erforderlichen Veränderungen im privaten und beruflichen Bereich vorzunehmen und lautstark zu vertreten. Es gibt leider auch immer noch Ausreden, wenn man beispielsweise Parteien, Regierungen oder Unternehmen angehört, die im tiefsten Inneren eine andere Meinung vertreten.

Unsichtbare Zukunft

Wenn Sie dieses Buch vor dem Schlafengehen lesen, sollten Sie den folgenden Abschnitt überspringen.

Wird denn jetzt alles ganz schlimm mit dem Klima? Nun ja, vielleicht, vielleicht aber auch nicht. Glaubt man den Berechnungen, die das IPCC zusammengestellt hat, werden wir das 1,5-Grad-Ziel wohl reißen. Das Umweltbundesamt formuliert es so[39]: „Um die globale Erwärmung auf 1,5 °C zu begrenzen und eine lebenswerte Zukunft für alle Menschen auf dieser Welt zu ermöglichen, sind sofortige und drastische Minderungen der Treibhausgasemissionen notwendig. Global müssen die Treibhausgasemissionen ihren Scheitelpunkt schon im nächsten Jahr erreichen und bereits bis 2030 im Vergleich zum heutigen Niveau fast halbiert werden, also in nur sieben Jahren. Die CO_2-Emissionen müssen bis 2050 sogar auf Netto-Null sinken."

Halten wir das für wahrscheinlich? Durchschnittlich dauert der Prozess der Planung und Genehmigung von Windkraftanlagen gegenwärtig 4 bis 5 Jahre[40]. Im Jahr 2022 wurden in Deutschland fast

---

[39] www.umweltbundesamt.de/themen/ipcc-synthesebericht-macht-aktionsdruck-fuer-15degc

[40] www.wind-energie.de/themen/mensch-und-umwelt/planung/

dreimal so viele Pkw mit Benzin- oder Dieselmotor zugelassen wie Pkw mit reinem Batterieantrieb[41]. Das Durchschnittsalter der Pkw in Deutschland liegt bei knapp 10 Jahren[42]. Noch 2020 machten Heizungen für fossile Brennstoffe fast 80 % des Marktes aus[43]. Mit anderen Worten: Das wird wohl nichts mehr, zumindest was die deutschen Zielvorgaben angeht. Was ist mit dem 2-Grad-Ziel? Hier sind die Zielvorgaben etwas leichter zu erfüllen[44], dazu müssten die CO_2-Emissionen bis 2030 um ein Viertel gegenüber 2010 abnehmen und um 2070 auf null sinken. Die Auswirkungen auf die Klimaveränderungen sind dann nach den Berechnungen der Fachleute zwar schon deutlich, erscheinen aber immer noch „beherrschbar". Wir werden im folgenden Kapitel sehen, dass wir das in Deutschland schon eher erreichen könnten.

Aber wie kommt man überhaupt auf die Klimaziele? Die Experten schätzen dazu ab, welche Mengen an Klimagasen wir insgesamt noch ausstoßen dürfen, damit der Treibhauseffekt nicht zu groß wird. Man bezeichnet das als „Treibhausgasbudget"[45]. Wir haben sozusagen einen Topf, in den alle Menschen ihre Abgase hineinpacken, und irgendwann ist der voll. Die Berechnungen sind hier und da noch lückenhaft und die Modelle unvollständig. Je nach Gemütslage kann man also etwas optimistischer – wir schaffen das 2-Grad-Ziel – oder etwas pessimistischer – es werden wohl eher 3 Grad – an die Lage herangehen. Egal wie, wenn man die

---

[41] www.kba.de/DE/Presse/Pressemitteilungen/Fahrzeugzulassungen/2023/pm01_2023_n_12_22_pm_komplett.html
[42] www.kba.de/DE/Statistik/Fahrzeuge/Bestand/Fahrzeugalter/2021/2021_b_kurzbericht_fz_alter_pdf.pdf?__blob=publicationFile&v=2
[43] www.umweltbundesamt.de/umweltatlas/bauen-wohnen/verursacher/energetischer-gebaeudezustand/wie-ist-der-stand-beim-umbau-der-waermeversorgung
[44] wiki.bildungsserver.de/klimawandel/index.php/2-Grad-Ziel
[45] wiki.bildungsserver.de/klimawandel/index.php/Verbleibendes_CO2-Budget

Auswirkungen dieser beiden Temperaturmarken nachliest, wird einem (sagen wir es ruhig so platt) übel. Bei 3 Grad hilft nur noch wenig. Das letzte Mal war es so warm auf der Erde, als unsere Vorfahren von den Bäumen geklettert sind. Berlin mit Klima wie jetzt Madrid? Das klingt zwar verlockend, aber Spanien[46] liefert knapp 3 Millionen Tonnen Obst und Gemüse nach Deutschland. Das kann nicht mehr so weitergehen, wenn plötzlich drei Viertel unseres Lieblingsferienlandes zur Wüste werden, und leben könnte man dort auch nicht mehr ohne technische Hilfsmittel wie Klimaanlagen.

Nun kann man natürlich die Hände in den Schoß legen nach dem Motto: Es ist sowieso zu spät, wir genießen das Leben so lange wie möglich und verbrennen Fossile, was das Zeug hält. Das wäre ein Leben nach dem Lustprinzip. Wie lange würde so etwas gutgehen? Der größte Denkfehler der Party-Fraktion ist, dass die Klimakrise ja erstmal ein paar arme Staaten treffen wird, zum Beispiel Pakistan. Nur leider kennt man Pakistan auch als inoffizielle Atommacht. Warum sollte ein totalitäres System, dessen Volk alles verlieren wird, Rücksicht auf ein paar Europäer nehmen, die sich dem klimatischen Größenwahn hingeben? Das gleiche Szenario kann man mit chemischen oder biologischen Waffen und anderen Ländern oder Gruppierungen zu Ende denken. So zu sterben wäre meist vorzeitig und qualvoll, für uns und unsere Lieben.

Es gibt diverse Methoden, die Erde für Menschen unbewohnbar zu machen. Eine davon ist Treibhausgas. Was sollten wir also tun? Das 2-Grad-Ziel erscheint noch als erreichbar, jeder Beitrag zählt. Wir können es uns finanziell leisten, also Schluss mit dem Zögern.

---

[46] www.freshplaza.de/article/9488392/deutscher-import-von-frischem-obst-und-gemuse-im-jahr-2022-um-mehr-als-10-prozent-gesunken/

2. Der Umbau
Oder:
Was es bedeutet, sich von fossiler Energie zu verabschieden

Unsere Energieversorgung steht auf wackeligen Beinen, und zwar heute. Das haben wir alle bemerkt, als die Staatengemeinschaft den russischen Angriffskrieg auf die Ukraine seit 2014 mit vielfachen Handelsbeschränkungen belegte. Ganz so einfach ist es offenbar nicht, in Europa auf Gas, Öl, Kohle und Kernbrennstoff aus Russland zu verzichten. Man spricht zwar im Zusammenhang mit Wind und Sonne gerne von volatilen (verletzlichen) Energiequellen, weil sie nicht ständig zur Verfügung stehen. Die Frage bleibt allerdings, ob diese Quellen nicht in Zukunft zuverlässiger als die fossilen sprudeln werden. Sonne und Wind sind schwierig abzudrehen, der Gashahn nicht. Es gibt also noch andere Gründe als die Treibhausgase, um wegen der Klimakrise von den fossilen Energieträgern Abstand zu nehmen.

Energie!

Was ist eigentlich Energie und warum erweist sie sich als so wertvoll? Die Existenz von Leben widerspricht im Grunde einem physikalischen Grundgesetz, nämlich – nicht erschrecken – dem zweiten Hauptsatz der Thermodynamik. Dieser Lehrsatz besagt vereinfacht gesprochen, dass die Unordnung in der Welt nur eine Richtung kennt, nämlich dass sie zunimmt. Sie erfahren das vermutlich ständig in Ihrer Wohnung: Wenn man nur lange genug wartet, breitet sich das Durcheinander ganz von selbst aus. Um die Ordnung wiederherzustellen, müssen Sie anpacken, Dinge hin und her räumen und sortieren oder andere freudebringende Tätigkeiten verrichten. Wer ordentlich aufgeräumt hat, ist erschöpft und muss erstmal etwas essen und trinken. Sie brauchen neue Energie.

Wir machen an der Zunahme der Unordnung sogar unser Zeitempfinden fest. Wenn Sie in einem Film sehen, dass sich eine zerbrochene Vase wieder zusammensetzt und auf den Tisch zurückspringt, wissen Sie, dass der Film rückwärtsläuft. Man spricht dabei von unumkehrbaren – irreversiblen – Prozessen. Zahnpasta kehrt nicht in die Tube zurück, und man kann durch ein offenes Fenster nicht die 3 Grad hereinlassen, um drinnen von 18 auf 21 Grad aufzuheizen.

Biologen haben angesichts der Vielfalt der Natur Schwierigkeiten zu sagen, was genau Leben ist[47], aber man kann aus den Kriterien ein paar Dinge herausgreifen, um zu zeigen, dass Leben Ordnung bedeutet. Lebewesen bestehen oder entstehen aus mindestens einer Zelle, einem durch eine Zellmembran umschlossenen Raum. Lebewesen verfügen über einen Bauplan, mit dem sie sich immer wieder neu organisieren und den sie auch an die nächste Generation weitergeben können. Weiterhin verfügen Lebewesen über einen Stoffwechsel, der dafür sorgt, dass nicht mehr in die Hülle aufgenommen wird, als in der Hülle verarbeitet werden kann, und dass nicht mehr durch die Hülle abgegeben wird, als zum Erhalt des Lebewesens erforderlich ist. Damit wird schon klar, dass ein Lebewesen Teile des Chemie-Breis in seiner Umgebung in einem Gehäuse geordnet untergebracht und in irgendeiner Weise so organisiert hat, dass es weiterlebt und sich weiterentwickeln kann. Der berühmte deutsche Physiker Erwin Schrödinger hat 1943 formuliert, dass Lebewesen „wohlgeordnete Muster von Molekülen“ (Verbindungen von Atomen) erzeugen können, wobei sie „eine größere Unordnung in ihrer Umgebung hinterlassen“. Man könnte spöttisch sagen, dass Leben die beste Erfindung der Natur war, um möglichst schnell Unordnung zu erzeugen. Wenn Sie also ihre Wohnung aufräumen, bringen Sie durch den dazu erforderlichen Arbeitsaufwand die Umwelt noch mehr durcheinander. Sie brauchen dazu nämlich Energie.

---

[47] www.synthetische-biologie.mpg.de/17480/was-ist-leben

Energie beschreibt in den Naturwissenschaften die Möglichkeit, Arbeit zu leisten. In der Umgangssprache gibt es noch viele andere Bedeutungen für diesen Begriff[48], die aber in unserem Zusammenhang keine Rolle spielen werden. Da Energie auf der Erde erst erschlossen werden muss, lassen sich Lebewesen etwas einfallen, um ihre Existenz am Laufen zu halten. Im Grunde geht es immer darum, eine chemische Verbindung zu finden, die man unter Gewinnen von Energie aufspalten kann. Das Extrembeispiel solcher Verbindungen sind Treib- oder Sprengstoffe, bei denen der Energiegewinn beim Zünden offensichtlich wird. Das Blattgrün als „Solarzelle" der Pflanzen war und ist die wichtigste Basis unseres höheren Lebens. Es kann die Sonnenenergie nutzen und damit Zucker herstellen. Pilze haben das schon früh erkannt und mit Algen eine Lebensgemeinschaft gebildet, die man als Flechten bezeichnet. Die Alge liefert den Zucker, der Pilz Wasser und andere Nährstoffe. Energie und Rohstoffe, das sind immer wieder die beiden wichtigen Zutaten.

Nun kommt der Mensch, und er muss sich ernähren, um zu überleben und für die nächste Generation zu sorgen. Er nimmt also Stoffe zu sich, aus denen sein Verdauungstrakt die Energie gewinnen kann, die erforderlich ist, um die inneren Organe, die Muskeln und das Gehirn ihre Arbeit leisten zu lassen. Der menschliche Körper gewinnt die Energie aus Kohlenhydraten, also Zuckerverbindungen, sowie Fetten und Eiweißen. Er kann seinem Körper die Arbeit erleichtern, indem er Energie schon vorher außerhalb einsetzt: Das Kochen der Nahrung erleichtert deren Verwertung, das Heizen vermindert die Wärmeverluste durch die Haut, und Zugtiere (oder versklavte Mitmenschen) ersparen den Muskeleinsatz. Heutzutage gibt es noch viele andere Möglichkeiten, Energie für uns essbar zu machen, beispielsweise durch Kunstdünger oder durch Beleuchtung und Wärme in

[48] www.dwds.de/wb/Energie

Gewächshäusern. Besonders anstrengend für den Körper ist die Arbeit des Gehirns. So ein Organ muss man sich schon leisten können, es verbraucht immerhin das Anderthalbfache des Herzens an Energie[49]. Ob sich die Entwicklung des Großhirns am Ende gelohnt hat, müssen wir in der Klimakrise noch beweisen. Wenn nicht, würde unser Denkapparat als Fehler der Entwicklungsgeschichte einfach aussortiert.

Ein Mangel an Energie bedroht also unser Leben unmittelbar. Neben Krankheiten war es in den Jahrtausenden deshalb auch immer der Hunger, der das menschliche Handeln angetrieben hat. Erst, wenn der gestillt war und man auch genug Wasser hatte, konnte man über weitere Bedürfnisse nachdenken. Die Leistungsfähigkeit des Menschen ist allerdings sehr bescheiden[50], das ergibt sich schon aus seinem Nahrungsbedarf[51]. Gehen wir von einer täglichen Zufuhr von 2.200 kcal (Kilokalorien, kurz auch Kalorien genannt) aus. Je nachdem, aus welchem Fachgebiet jemand kommt, finden unterschiedliche Einheiten für die Energie Verwendung: Kilokalorien beim Thema Ernährung, Joule (sprich: dschuul) beim Thema Wärme oder Kilowattstunden beim Thema Elektrizität. Es ist aber immer dasselbe, 2200 kcal entsprechen deshalb umgerechnet 2,6 kWh Nahrungsbedarf pro Tag. Ein 150-PS-Motor erbringt in der gleichen Zeit 110 kW × 24 h = 2.640 kWh, also theoretisch das Tausendfache. Genau genommen müssten wir jetzt noch über Wirkungsgrade sprechen, aber für den Moment reichen die Größenordnungen.

Lassen wir uns die letzten Zahlen noch einmal auf uns wirken: Wenn Sie den Zündschlüssel herumdrehen, gewinnen Sie im Grunde Macht über die Arbeitskraft von Tausend Menschen, jedenfalls im Vergleich zur Verfügungsgewalt von vor ein paar

---

[49] www.mpg.de/571562/energiesparen-beginnt-im-kopf

[50] doerrhoefer-technik.de/energie/energie_mensch.pdf

[51] www.ernaehrung.de/tipps/allgemeine_infos/ernaehr10.php

hundert Jahren. Das ist eine so gewaltige Veränderung, dass nichts mehr wie vorher geblieben ist. Mittlerweile sind wir allerdings derart abhängig von den fossilen Energieträgern, dass die geplante Rolle seitwärts auch wieder dazu führen wird, dass sich die Verhältnisse auf der Welt stark verschieben. Es lohnt sich also, die gegenwärtige Lage ein bisschen intensiver zu beleuchten.

Wettbewerb um Öl und Gas

Das Jahr 2020 hat die Welt massiv verändert, es war der Beginn der Corona-Pandemie. Deshalb ist es sehr ungünstig, die Lage im Energiebereich anhand der Daten aus diesem Jahr zu beschreiben, und auch in den Folgejahren waren und sind wir noch weit entfernt von der Normalität. Deshalb greifen wir bei den Daten auf 2019 zurück, sozusagen das letzte „normale" Jahr. Auch das Wetter war in diesem Jahr weltweit nicht so extrem, dass es die Zahlen nennenswert beeinflusst hätte.

Für 2019 verzeichnet die Arbeitsgemeinschaft Energiebilanzen[52] einen Primärenergieverbrauch in Deutschland von 3.557 Terawattstunden. Eine Terawattstunde – abgekürzt TWh – entspricht einer Milliarde Kilowattstunden (kWh). Davon entfiel mehr als ein Drittel (35 %) auf Erdöl und ein Viertel (25 %) auf Erdgas sowie knapp 9 % auf Steinkohle. Keinen dieser Stoffe fördern wir selbst in nennenswertem Umfang, sodass bereits damit mehr als zwei Drittel unseres Energiebedarfs importiert wurden. Dazu kamen 2019 noch 6 % Kernbrennstoffe, die wir auch eingeführt haben. Woher kamen alle diese Stoffe[53,54,55]? Aus Russland haben wir 57 % der Steinkohle, 51 % des Erdgases und 38 % des Erdöls

---

52 ag-energiebilanzen.de

53 de.statista.com/statistik/daten/studie/2473/umfrage/rohoelimport-hauptlieferanten-von-deutschland/

54 www.ewi.uni-koeln.de/de/aktuelles/energieimporte/

55 www.leopoldina.org/fileadmin/redaktion/Publikationen/Nationale_Empfehlungen/2022_Stellungnahme_Energiesicherheit.pdf

eingeführt. Dazu kamen noch Ölimporte aus Kasachstan, 2.000 km durch russisches Staatsgebiet[56]. Man ist geneigt zu fragen, wer das erlaubt hat. Wie kann sich ein Land, das arm an fossilen Energieträgern ist, in einer solchen Weise von einer Großmacht abhängig machen? Wohlgemerkt: Der russische Überfall auf die Krim erfolgte 2014, was zweifellos vor 2019 liegt. Insofern konnte 2022 eigentlich keiner mehr sagen, er habe das so nicht eingeschätzt. Die europäischen Uran-Importe stammten übrigens 2019 zu 20 % aus Russland und zu 20 % aus Kasachstan. Speziell Frankreich bezog sein Uran zu 40 % aus Niger[57], einem Staat in der Sahelzone.

Ein Blick in die Geschichte zeigt, wie verheerend im Krisenfall solche Abhängigkeiten sein können. Das klassische Beispiel dafür ist die Seeblockade 1916[58], bei der durch die britische Seeüberlegenheit im Ersten Weltkrieg Deutschland von zahlreichen Importen abgeschnitten wurde, mit erheblichen Auswirkungen auf die Versorgungslage. Unsere Versorgungswege aktuell auf See gerade aus Asien verlaufen durch die größten Krisenherde dieser Welt: das Südchinesisches Meer, das Horn von Afrika und den Suez-Kanal. Dazu kommen weitere, eher friedliche Engpässe zwischen Tunesien und Sizilien, in der Straße von Gibraltar und in der Straße von Dover. Auch Rohrverbindungen sind sehr verletzlich, wie die Explosion der Nord Stream II-Pipeline zeigt. Jeder längere Transportweg lässt sich im Krisenfall durch U-Boote oder Sabotageakte gegen Infrastruktur wie Straßen, Brücken oder Leitungen unterbrechen. Unsere fossile Energieversorgung erweist sich in Wirklichkeit als wenig zuverlässig und nicht nachhaltig. Selbst hochgelobte Lieferverträge sind nur Papier und damit geduldig.

---

[56] www.n-tv.de/wirtschaft/Kasachstan-liefert-100-000-Tonnen-Ol-nach-Schwedt-article23926783.html

[57] www.deutschlandfunk.de/an-der-quelle-des-uran-100.html

[58] www.dhm.de/lemo/kapitel/erster-weltkrieg/kriegsverlauf/seeblockade.html

Die Zerbrechlichkeit unseres Wohlstandsmodells lässt sich mit Blick auf die Zukunft an ein paar Zahlen demonstrieren: Deutschland steht auf Platz 9 der weltweit größten Energieverbraucher[59], aber erst auf Platz 19, was die Einwohnerzahl angeht[60]. Wir „verheizen" pro Kopf der Bevölkerung etwa das Dreifache im Vergleich zu China und mehr als das Siebenfache im Vergleich zu Indien. Warum sollte das so bleiben? Der Ukraine-Krieg zeigt, dass diese beiden Länder gegenwärtig die Chance nutzen, in Russland günstig Energie einzukaufen. Sie sehen darin auch die historische Gelegenheit, ihre Länder zu entwickeln und den Lebensstandard zu heben. Nichts anderes erwartet man von Regierungen, seien sie demokratisch oder autoritär, links- oder rechtsgerichtet. Wer will es also den Schwellenländern verübeln, wenn sie zunächst an sich selbst denken. Die Haltung in Deutschland wirkt da manchmal etwas weltfremd, die Haltung anderer Industrieländer sogar gelegentlich spätkolonial. Der Wettbewerb mit den Schwellenländern um günstige Energie hat erst begonnen, und dabei spielt Treibhausgas nicht unbedingt die wichtigste Rolle.

Was bedeutet das für unsere Versorgungsstrategie? Könnte Deutschland oder zumindest Europa als Ganzes auf Energieimporte völlig verzichten, um diesem Wettbewerb zu begegnen? Europa hat einen windigen Norden und einen sonnigen Süden sowie umfassende technische Kompetenz und – sofern sich dafür ein Markt bietet – sicher auch die Möglichkeit, hinreichende Produktionskapazitäten bereitzustellen. Die Dimensionen eines solchen Projekts sind zudem nicht gänzlich utopisch, wie folgende Bierdeckel-Rechnung zeigt.

---

[59] www.capital.de/wirtschaft-politik/das-sind-die-groessten-erdoel-verbraucher-der-welt

[60] de.wikipedia.org/wiki/Liste_von_Staaten_und_Territorien_nach_Einwohnerzahl

Gehen wir von etwa 4 Hektar = 0,04 km^2 Flächenbedarf pro Megawatt installierter Windleistung[61] aus. Wenn die Anlagen vorsichtig gerechnet 2.000 Stunden im Jahr Volllast laufen, produziert eine Anlage mit 1 MW Nennleistung 2.000 MWh = 2 GWh Strom im Jahr. Daraus ergibt sich mit dem obigen Flächenwert für die Leistung ein neuer Wert für die Produktion von 1 GWh elektrischer Energie, nämlich 0,02 km^2. Der Endenergiebedarf Europas liegt gegenwärtig bei etwa 1 Milliarde Tonnen Rohöleinheiten pro Jahr[62] oder umgerechnet etwa 11.630 TWh = 11.630.000 GWh, wovon Deutschland zum Vergleich etwa 2.200 TWh benötigt[63]. Damit ergäbe sich ein theoretischer Flächenbedarf von 11.630.000 × 0,02 km^2 = 232.600 km^2.

Die Gesamtfläche der 28 Mitgliedstaaten der Europäischen Union (EU)[64] liegt bei knapp 4,5 Millionen km^2. Wir kämen also für die vollständige (!) energetische Unabhängigkeit Europas selbst ohne Einsparungen gegenüber dem jetzigen Bedarf auf gut 5 % der Landflächen. Zum Vergleich: Die bebaute Fläche umfasst ebenfalls etwa 5 %[65], die landwirtschaftlich genutzte Fläche etwa 40 %[66]. Man erkennt: Der Bedarf wäre schon gewaltig, vollkommen abwegig wäre er aber nicht, zumal wir bisher nicht über Seeflächen und auch nicht über die Nutzung bebauter Flächen durch

---

[61] www.naturschutz-energiewende.de/unkategorisiert/wortmeldung-zum-flaechenbedarf-der-windenergie/

[6262] ec.europa.eu/eurostat/documents/2995521/10341549/8-04022020-BP-DE.pdf/3e62b994-68fb-0ea8-7d29-f1769272bf5a

[63] www.unendlich-viel-energie.de/mediathek/grafiken/endenergieverbrauch-strom-waerme-verkehr

[64] www.bpb.de/kurz-knapp/zahlen-und-fakten/europa/70500/flaechen-und-bevoelkerungsdichte/

[65] de.statista.com/statistik/daten/studie/169673/umfrage/bebaute-flaechen-in-europaeischen-laendern-2009/

[66] ec.europa.eu/eurostat/documents/2995521/7089771/5-26112015-AP-DE.pdf

Fotovoltaikzellen gesprochen haben. Aber wäre so etwas auch sinnvoll?

Mit weiterem Bevölkerungswachstum und zunehmendem Wohlstand ist es – wie bereits dargestellt – sehr wahrscheinlich, dass Krisen und Wettbewerb die Energiepreise insbesondere für Öl und Gas weiter steigen lassen. Möglicherweise zeigen auch Lagerstätten erste Ermüdungserscheinungen, aber dann gäbe es vielleicht neue, deren Ausbeutung sich bisher nicht gelohnt hat. Es kann auch strategisch sinnvoll sein, nicht in einen ruinösen Wettbewerb mit Schwellenländern zu treten, wenn man damit deren Krisenherde entschärft. Wir sind doch reich, was kostet die Welt? Diese Haltung kostet uns in einer neuen Weltordnung vielleicht die Freiheit. Offenbar braucht man nicht die Klimakrise, um den Ausstieg aus den fossilen Energieträgern zu begründen.

Die Energiewende

Wir ahnen also mittlerweile, dass die Energiewende erforderlich, grundsätzlich möglich und weltpolitisch sinnvoll ist. Aber was bedeutet eine solche Umkehr für unser tägliches Leben? Wer verbraucht eigentlich die fossilen Energieträger und wie kann man sie ersetzen? Auf den ersten Blick erscheint es als schwierig, Antworten zu finden, auch hinsichtlich der Frage, was denn nun wahr ist und was Propaganda. Es lohnt sich daher, zunächst einmal sehr grob auf die Gemengelage zu blicken, um danach zu schauen, ob nicht irgendetwas Kleines aber Wichtiges unter den Tisch gefallen ist.

Der Verbrauch lässt sich grob in den folgenden Feststellungen zusammenfassen; Basis sind wieder die Zahlen der Arbeitsgemeinschaft Energiebilanzen von 2019 für Deutschland, diesmal aber für den Endenergieverbrauch, d. h. die Energie, die tatsächlich beim Verbraucher ankommt:

- Mineralölprodukte gehen zu fast zwei Dritteln in den Straßenverkehr. Hierbei teilen sich die Bedarfe in Benzin für Pkw,

Diesel für Pkw/Transporter und Diesel für Lkw/Busse etwa im Verhältnis 4 : 5 : 3 auf, also letztlich ein Drittel Benzin und zwei Drittel Diesel.

- Der Rest der Mineralölprodukte geht grob zu gleichen Teilen – folglich jeweils ein Sechstel – in Haushalte für Heizzwecke und in den Flugverkehr. Der nationale Schiffsverkehr spielt nur eine sehr geringe Rolle, der internationale Schiffsverkehr wird wegen der schwierigen Zuordnung zu einem Land vollständig getrennt erfasst. Beim Flugbenzin gelingt das nicht, hier gilt „verbraucht wie geliefert".
- Bei Gas entfallen etwa 60 % auf Haushalte, Gewerbe, Handel und Dienstleistungen für Heizzwecke und 40 % auf industrielle Großverbraucher für Wärme zur Durchführung ihrer Prozesse.
- Steinkohle geht fast zu 100 % in die Metallerzeugung, sofern sie nicht vorher schon in Strom umgewandelt wurde.
- Braunkohle geht zum allergrößten Teil in industrielle Prozesswärme. Ein kleiner Teil wird noch für Heizzwecke in Haushalten verwendet. Auch hier geht der größte Teil vorab in die Stromproduktion.

Strom ist ein Mischprodukt aus fossilen und regenerativen Anteilen, was regelmäßig zur Verwirrung führt oder auch zum Verwirren genutzt wird. Hinzu kommt das Problem, dass man sich nur auf die sogenannte „öffentliche Stromerzeugung" beziehen kann, also nicht abschätzt, was Unternehmen und auch Haushalte im Stillen erzeugen und verbrauchen, und um noch einen draufzusetzen werden Leitungsverluste nicht berücksichtigt. Die Erzeugung verteilte sich 2019[67] auf fast 20 % Braunkohle, fast 10 % Steinkohle und etwas mehr als 10 % Gas. Öl spielt bei der Stromproduktion praktisch keine Rolle. Nahezu ein Viertel der Produktion (24,6 %) kam aus Windenergieanlagen, insgesamt war knapp die Hälfte der

67 www.ise.fraunhofer.de/de/presse-und-medien/news/2019/oeffentliche-nettostromerzeugung-in-deutschland-2019.html

Stromerzeugung regenerativ (46,1 %). Mehr als die Hälfte des Stromverbrauchs entfiel 2019 auf Haushalte, Gewerbe, Handel und Dienstleistungen. Etwa 40 % fanden Verwendung in Industriebetrieben, der Schienenverkehr brauchte nur etwa 7 %. Wer sich übrigens den aktuellen Stand der Stromproduktion ansehen möchte, kann das bei der Bundesnetzagentur (www.smard.de) unter der Rubrik „Marktdaten" tun.

Man kommt nicht umhin festzustellen, dass unsere Energieversorgung ein komplexes System ist, und gelegentlich brummt einem der Kopf angesichts der vielen Daten und Fakten. Aber im Grunde gibt es ein paar einfache Hinweise, was nun zu tun ist, wenn wir die Fossilen auf null fahren wollen:

- Der größte Brocken ist der Verkehr, und zwar vor allem der Straßenverkehr mit Pkw und Kleintransportern.
- Die Ölheizungen müssen abgeschafft werden.
- Der Lkw-Verkehr bleibt kritisch, weil hier bei höheren Leistungen das Gewichtsverhältnis von Batterie zu Nutzlast unwirtschaftlich wird.
- Der Luftverkehr bleibt ebenfalls kritisch, weil er sich mit hoher Wahrscheinlichkeit auch nicht elektrifizieren lässt.
- Wir müssen raus aus der Kohleverstromung und zudem in den Industriebetrieben alternative Wärmequellen auch für höhere Temperaturen erschließen. Beides ist leichter gesagt als getan.
- Bis 2050 muss uns etwas eingefallen sein, wie wir heizen wollen, und wir brauchen auch hier Lösungen für höhere Temperaturen.

Im Grunde haben wir für alles bereits technische Lösungen, die aber nicht immer oder noch nicht wirtschaftlich sind. Wenn man allerdings mit einer guten Portion Optimismus an die Sache herangeht, gibt es fünf große Stichworte zu einem nachhaltigen Energiesystem: Wind, Sonne, grüner Wasserstoff, Wärmepumpen und

Elektromobilität. Damit kann man den Versuch starten, unseren Energiebedarf 2050 abzuschätzen.

Dazu gehen wir zusammengefasst von folgenden Annahmen aus:

1. Ausgangspunkt ist der Endenergieverbrauch Deutschlands 2019. Diese Bedarfe werden bis 2050 fortgeschrieben, d. h. es werden keine Annahmen bezüglich des Minderbedarfs aufgrund von Konsumverzicht getroffen. Ein Einspareffekt ist durchaus denkbar, aber eine unbekannte Größe.
2. Ansonsten gilt als Grundlage in den vorliegenden Berechnungen, dass möglichst überall die optimistischste Lösung für den Gesamtverbrauch angenommen wird.
3. Pkw und andere Fahrzeuge < 3,5 t (z. B. kleinere Sprinter) werden komplett auf Batteriefahrzeuge umgestellt. Dabei wird ein Effizienzgewinn von 3 angenommen.
4. Lkw und Nutzfahrzeuge werden komplett auf H_2-Brennstoffzellen-Fahrzeuge umgestellt. Dabei wird angenommen, dass keine Effizienzgewinne erreicht werden. Diese Annahme erweist sich als kritisch, weil der Anteil am Wasserstoffbedarf sehr groß wird. Es könnte auch besser gehen.
5. Flugbenzin wird komplett auf Wasserstoff umgestellt. Dabei wird ebenfalls angenommen, dass keine Effizienzgewinne erreicht werden. Auch diese Annahme ist kritisch, weil der Anteil am Wasserstoffbedarf ebenfalls sehr groß ist. Sofern hier künstliches Kerosin zum Einsatz kommen sollte, wäre mit deutlichen Effizienzverlusten zu rechnen. Hier könnte es am Ende also ein wesentlich höherer Energiebedarf sein.
6. Die gesamte Heizwärme wird mit Wärmepumpen gewonnen. Die Umweltwärme wird hier nicht als Energiequelle mitbilanziert. Für den Hausbereich wird angenommen, dass für eine Kilowattstunde Strom 5 Kilowattstunden Wärmeenergie gewonnen werden können, im Fernwärmebereich lediglich 3 Kilowattstunden. Eine umfassende Abwärmenutzung zum Beispiel aus Elektrolyseanlagen wird bis hierher nicht berücksichtigt.

7. Sofern Gase zur Wärmegewinnung bei industriellen Großverbrauchern für Prozesse eingesetzt werden, wird die Energiemenge 1:1 auf Strom übertragen, also direkte Heizung mit Strom, sprich Heizdraht.
8. Sofern Strom und Wärme aus Biomasse gewonnen werden, wird angenommen, dass dieser Anteil in Zukunft durch Wasser, Wind und Solarzellen gedeckt werden kann.
9. Steinkohle wird beim industriellen Endverbraucher (Metallerzeugung) zu 100 % durch Wasserstoff ersetzt, und zwar ohne Effizienzgewinne.
10. Ergänzend nehmen wir für den Strombedarf von Wasserstoff an, dass er mit einem energetischen Wirkungsgrad von 0,7 hergestellt werden kann (weniger als 48 kWh/kg).

Das waren viele versteckte Fachbegriffe, die noch Punkt für Punkt erläutert werden sollten. Im Punkt 1 nehmen wir wieder Bezug auf den Endenergieverbrauch im Gegensatz zum Primärenergieeinsatz. Wir schauen uns das mal für ein typisches Kohlekraftwerk[68] an. Um damit eine Kilowattstunde Strom zu erzeugen, müssen wir Kohle im Gegenwert von zwei Kilowattstunden verfeuern. Der Rest geht als Wärme verloren, es sei denn, es gibt einen großen Verbraucher in der Nähe, der mit einer solchen Menge an warmem Wasser noch etwas anfangen kann. Man sagt daher, ein Kohlekraft habe einen „Wirkungsgrad" von ½ = 0,5 oder 50 %. Der Primärenergieeinsatz ist doppelt so hoch wie die elektrische Energie, die dem Endverbraucher bereitgestellt werden kann und die er dann als Endenergie verbraucht. Die Energie zum Ausbuddeln und Transportieren der Kohle wird dabei auch noch nicht mitgerechnet, ebenso die Leitungsverluste.

Was bedeutet in Punkt 1 „Einspareffekt"? Viele Gutachten und Prognosen gehen davon aus, dass wir Verbraucher oder die

68 www.energie-lexikon.info/kohlekraftwerk.html

Unternehmen sich in Zukunft einschränken und weniger Energie verbrauchen werden. Die Experten schauen dann auf die Statistik und stellen möglicherweise fest, dass der Energieverbrauch von 2019 auf 2020 um 9 % gesunken ist[69]. Man mag beinahe in Jubel ausbrechen. Mit dem Fortschritt bräuchten wir 2031 nur noch ein Drittel der Energie, Scherz beiseite. Allerdings wissen wir alle, woran es gelegen hat, nämlich an der Corona-Seuche. Die gleiche Rechen-Problematik kann sich beim Verbrauch ergeben, wenn Leugner der Klimakrise oder große Krieger zu Präsidenten gewählt werden, und zwar in jede Richtung. Was soll man also für Berechnungen annehmen, ohne sich irgendwann lächerlich zu machen? Der Vorschlag an dieser Stelle lautet: Nehmen wir gar nichts an, der Verbrauch bleibt einfach bis 2050 auf dem Wert von 2019. Wenn es besser wird, prima, wenn wir mehr brauchen, haben wir sowieso ein Problem.

In Punkt 2 geht es um die Frage, ob man Optimist oder Pessimist ist, was die Lösbarkeit technischer, wirtschaftlicher und politischer Probleme betrifft. Gerade hinsichtlich der Wirksamkeit von Wärmepumpen oder Elektromotoren wären unterschiedliche Annahmen möglich, von „Wunderwaffe" bis „Rohrkrepierer". Der Ansatz, mit diesem Problem fertigzuwerden, erweist sich als ziemlich einfach: Wenn man eine optimistische, aber immer noch realistische Annahme macht, und am Ende trotzdem etwas herauskommt, bei dem erstmal alle tief Luftholen müssen, liegt man richtig. Hier hat das funktioniert. Beim Thema Autos in Punkt 3 kommt man sofort zu einer solchen Einschätzung. Wir wissen, dass der Elektromotor um Längen sparsamer als ein Verbrennungsmotor ist. Allerdings trägt er einen schweren ökologischen Rucksack in Form von Batterien mit sich herum, und man kann durchaus streiten, ob man hier nicht das Treibhausgas-Problem

---

[69] www.wirtschaftsdienst.eu/inhalt/jahr/2021/heft/1/beitrag/energienachfrage-und-co2-emissionen-nach-covid-19.html

gegen ein Werkstoff-Problem tauscht. Aber aus Sicht des alltäglichen Energiebedarfs ist man erstmal deutlich besser. Nun wollen Autokäufer immer sofort wissen, wie viel besser. Die Gegenfrage des Autoverkäufers kann dann sein, mit was er vergleichen soll. Frage und Gegenfrage helfen uns aber nicht weiter. Was will die Kundin? Sie möchte ein neues Auto mit dem gleichen Nutzwert wie ihr altes. Einige Autozeitschriften haben deshalb vergleichbare Fahrzeuge nebeneinandergestellt und kommen auf einen Faktor von etwa 2,7, und zwar sowohl für Benzin als auch für Diesel. Fachleute sind ein bisschen optimistischer, und 2050 ist ja auch noch ein bisschen Zeit zum Forschen, also sagen wir mit dem dicken Daumen Faktor 3.

Die zweite Frage ist die der Grenze zwischen der Wirtschaftlichkeit einer Batterie und der einer Brennstoffzelle mit Wasserstoff. Das wird sich wohl im Kompromiss von Reichweite, Batteriegewicht und Zuladung irgendwo zwischen SUV und 7,5 Tonnen einpendeln und je nach Hersteller unterschiedlich ausfallen. Die Straßenverkehrsordnung regelt, dass Lkw „Kraftfahrzeuge mit einer zulässigen Gesamtmasse über 3,5 t, …, und Zugmaschinen, ausgenommen Personenkraftwagen und Kraftomnibusse" sind. Insofern liegt die Grenze zwischen Punkt 3 und 4 erstmal richtig, etwas Genaueres wissen wir nicht.

Das Thema des Luftverkehrs (Punkt 5) erweist sich wohl als Glaubensfrage. Geht es dort von den Flugbewegungen her weiter aufwärts, oder greifen Energiepreise, Wirtschaft und Politik ein? Das Umweltbundesamt hat sich 2019 mit dieser Frage befasst[70] und kam zu dem Ergebnis. „Der rein innerdeutsche Luftverkehr wächst dabei mit knapp 1,5 Prozent bis 2030 deutlich langsamer und erreicht allmählich eine Sättigung. Ganz anders beim Frachtverkehr. Er legt in Deutschland bis 2030 auf 7,3 Millionen Tonnen

---

[70] www.umweltbundesamt.de/sites/default/files/medien/1410/publikationen/uba_fb_wohin-geht-die-reise.pdf

zu, was seit 2014 mehr als einer Verdreifachung gleichkommt und einem jährlichen Wachstum von 7,5 Prozent entspricht.“ Insbesondere die Steigerungen im Frachtverkehr wären eine schlechte Nachricht für das Klima, aber man muss das in Relation setzen: 2019 wurden weltweit 4,5 Milliarden Passagiere befördert[71], was bei 80 kg Körpergewicht und 20 kg Koffer 450 Millionen Tonnen entspricht. Im Vergleich dazu fielen nur 64 Millionen Tonnen Fracht[72] an. Die Luftverkehrswirtschaft kommt zudem in ihrem Jahresbericht 2019[73] zu etwas anderen Aussagen als das UBA: „Weltweit ist die Verkehrsleistung der Fluggesellschaften 2019 um 4,2 Prozent gewachsen. Dies bedeutet eine deutliche Abkühlung gegenüber dem Vorjahr mit 6,5 Prozent. Die deutschen Fluggesellschaften konnten ihre Verkehrsleistung mit 1,3 Prozent leicht steigern, blieben aber unter dem Niveau des globalen Wachstums und auch unter dem europäischen Schnitt.“ Zum Frachtverkehr war sogar zu vermelden: „Der weltweite Luftfrachtverkehr nahm im Jahr 2019 gemessen in Frachttonnenkilometern um 3,3 Prozent ab. Dabei ist die Nachfrage für die europäischen Frachtfluggesellschaften mit 1,8 Prozent nicht so stark eingebrochen wie die Nachfrage weltweit.“ Es erscheint daher erneut als nicht völlig abwegig, für den zukünftigen Energiebedarf im Flugverkehr den Stand von 2019 anzunehmen.

Die zweite Frage beim Luftverkehr ist die Frage des Antriebs. Gehen wir sehr optimistisch von einer maximalen Energiedichte der zukünftigen Batterien von 2,5 kWh[74] pro kg aus. Ein Airbus

---

[71] www.airliners.de/zahl-flugpassagiere-ging-2020-weltweit-60-prozent-ueck/58954

[72] de.statista.com/themen/7445/luftfrachtverkehr/#topicOverview

[73] www.bdl.aero/wp-content/uploads/2020/02/BDL-Jahreszahlen-2019.pdf

[74] batterie-2020.de/projekte/forschungsfelder/zukuenftige-batteriesysteme/?x=168

A320 kann bis zu 23.860 Liter Kerosin tanken[75], was bei einem Energieinhalt 10 kWh pro Liter 238.600 kWh entspricht[76]. Bei gleichem Energieinhalt müsste das Flugzeug also etwa 95 Tonnen Batterie mitführen, allerdings liegt das Startgewicht nur bei knapp 72 Tonnen. Das Kerosin wiegt dabei etwa 19 Tonnen[77]. Selbst mit einem Effizienzgewinn von einem Faktor 3 lägen wir mit den Batterien immer noch bei über 30 Tonnen, oder um es freundlich zu formulieren: Da müssen wir noch ein gutes Stück des Weges gehen. Was sind die Alternativen? Alles endet irgendwie bei Wasserstoff, in welcher Form er auch immer eingesetzt werden soll[78]. Die unter Punkt 4 getroffene Annahme ist dabei die günstigste im Sinne des geringsten Energiebedarfs.

Mit Punkt 6 der obigen Aufzählung kommen wir zu einem Thema, das uns alle berühren wird, nämlich der Frage, wie wir unsere Wohnungen demnächst heizen wollen. Alle Welt redet dabei von Wärmepumpen, aber geht das denn überhaupt? Das Prinzip der Wärmepumpe ist einfach erklärt, und Sie kennen es vom Kühlschrank. Wer schon mal einen Kühlschrank ein- oder ausbauen musste, weiß wahrscheinlich, dass man auf der Rückseite einen Kompressor – das Teil, das beim Betrieb brummt – und ein Gitter vorfindet, den sogenannten Kondensator. Beim Abtauen der Gefriertruhe lernt man auch das Gegenstück kennen, den sogenannten Verdampfer. Dort sammelt sich meistens der Eispanzer. In diesem gesamten Rohrsystem befindet sich ein Kältemittel, früher die ozonschädlichen FCKWs, heute zunehmend Propan, das wir auch als Heizgas kennen. Von Wasser wissen wir ja, dass es bei 100 °C

---

75 www.flugzeug-lexikon.de/Berlin_Tegel/Airbus_A320-200/Airbus_a320-200.html

76 www.dlr.de/blogs/home/energie/energie-frage-der-woche-welcher-treibstoff-ist-der-beste-energiespeicher.aspx/searchtagid-56477/

77 www.chemie.de/lexikon/Kerosin.html

78 www.dena.de/fileadmin/dena/Dokumente/Pdf/NWR/NWR_Stellungnahme_Luftfahrt.pdf

verdampft, Propan tut das bei normalem Umgebungsdruck schon bei unter 0 °C. Es nimmt deshalb die Wärmeenergie aus den Lebensmitteln auf und geht dabei im Verdampfer von einer Flüssigkeit in ein Gas über. Auch das kennen Sie, wenn Sie nass aus der Dusche kommen.

Wenn man das gasförmige Propan jetzt einfach weiterleiten würde, würde es an einer kälteren Stelle im Raum wieder zu einer Flüssigkeit kondensieren. Allerdings haben wir beim Kühlschrank keine kältere Stelle im Raum als sein Inneres. Was also tun? Das war die entscheidende Idee von Herrn Linde, nämlich, dass Gase bei höherem Druck auch bei höheren Temperaturen kondensieren[79], beispielsweise bei den 20 °C, die so ungefähr in der Küche herrschen. Also muss der Kompressor ran und das Propan unter Druck setzen, sodass es dann im Kondensor wieder flüssig wird. Anschließend sollte noch der Druck wieder raus, was man mit einer Engstelle im Rohrsystem macht, der sogenannten Drossel (wie beim Erdrosseln, nicht der Vogel). Damit sind wir wieder beim flüssigen Kältemittel und fertig ist die Kältemaschine. Genau so funktioniert auch die Wärmepumpe, nur dass die Wärme jetzt nicht aus den Lebensmitteln, sondern aus der Umgebung in die Wohnung gepumpt wird.

Ein paar Dinge bei der Wärmepumpe liegen aufgrund dieses Vergleichs auf der Hand: Je größer die Differenz der Temperaturen zwischen innen und außen ist, umso mehr muss die Maschine arbeiten. Unser Kühlschrank springt im Sommer einfach öfter an. Weiterhin funktioniert das Ganze nicht ohne Kompressor, also eine irgendwie angetriebene Pumpe. Das kann durch einen Elektromotor sein, es könnte aber auch mit einem Verbrennungsmotor ans Laufen gebracht werden. Was gewinnt man nun mit einer Wärmepumpe? Umweltwärme haben wir immer reichlich zur

---

[79] www.leifiphysik.de/waermelehre/innere-energie-waermekapazitaet/ausblick/kuehlschrank

Verfügung. Die Sonne erwärmt das Erdreich, das Wasser oder die Luft, die teilweise auch noch länger die Wärme speichern, und es gibt Abwärme aus Maschinen und Anlagen. Wir brauchen nur noch die Energie, um den Kompressor zu betreiben. Wenn wir also eine Kilowattstunde einsetzen, können wir mehrere Kilowattstunden gewinnen, je nach Außen- und Innentemperatur. Das Verhältnis aus eingesetzter zu verfügbarer Energie nennt man Leistungskoeffizient oder meist auf Englisch „coefficient of performance", kurz COP. Typische Werte im Hausbereich liegen gegenwärtig bei COP = 4. Wenn die benötigten Temperaturen höher sind, sinkt der Koeffizient gelegentlich auf 2. Bei einem COP = 1 nimmt man die Wärmepumpe am besten aus dem System und heizt direkt elektrisch, siehe Punkt 7. Unsere in Punkt 6 angenommenen Werte von 5 und 3 sind bereits ziemlich optimistisch. Wir werden aber bei der Frage der Umsetzbarkeit noch einmal auf Einzelheiten eingehen.

Sollen wir Biomasse komplett ersetzen, wie in Punkt 8 angenommen? Hierüber wird es sicher noch erhebliche Diskussionen geben, denn einerseits galt Biomasse lange Zeit als einer der Hoffnungsträger der Energiewende und andererseits stellt man relativ schnell fest, dass Biomasse im Vergleich zu rein technischen Lösungen extrem ineffizient ist. „Der Flächenbedarf zur Rohstoffversorgung einer mit nachwachsenden Rohstoffen betriebenen Biogasanlage mit einer Leistung von 500 kW liegt, je nach Ertragspotenzial der Flächen, zwischen 150 und 230 ha."[80] Nehmen wir mal den Minimalbedarf und gehen sehr optimistisch vom Dauerbetrieb während 8760 Stunden im Jahr (100 %) aus. Die Anlage produziert dann knapp 30 MWh Energie pro Hektar und Jahr.
Wie sieht im Vergleich der Ertrag einer Freiflächen-Fotovoltaikanlage aus? „Nach heutigem Stand der Technik kann rund 1

---

[80] www.fnr.de/fileadmin/Projekte/2021/Mediathek/brosch.energiepflanzen-niedersachsen-webpdf_1.pdf

Megawatt je Hektar Anlagenleistung installiert werden. Die Erträge bei einer süd-ausgerichteten Anlage liegen in Niedersachsen im Bereich von 850 bis 1.000 kWh/kWp."[81] Die Abkürzung „kWp" bedeutet „Kilowatt peak", also maximal oder gleichbedeutend mit „Anlagenleistung". Das heißt, dass wir pro Hektar und Jahr 850 bis 1.000 MWh pro MWp Strom erzeugen können. Das wäre dann selbst bei minimalem Stromertrag 850 / 30 = 28-mal der Energieertrag von Biomasse, alles maximal zugunsten der Biomasse gerechnet. Allerdings hat Biomasse noch eine andere Qualität, sie kann nämlich dauerhaft Strom liefern. Leider zieht auch dieses Argument nicht so recht, denn wenn wir den Strom in Wasserstoff umwandeln, ihn anschließend bei Bedarf wieder zurückverstromen und dabei annehmen, dass wir in dieser Kette insgesamt 60 % der Energie verlieren, sind wir immer noch bei einem Faktor 0,4 × 28 = 11,2, also mehr als dem Zehnfachen. Für Photovoltaik kann man zudem Agrarflächen mit schlechten Böden nutzen, unter den Anlagen wachsen Wildkräuter statt Energiemais und es gibt sogar Ansätze zur Doppelnutzung. Bei Energiepflanzen ist die Diskussion also eher müßig.

Was ist bei Biomasse aus Holz und Holzabfällen? Wie wir schon aus der Kohleentstehung wissen, ist Holz ein wichtiges Element der natürlichen Abscheidung von Kohlenstoff aus der Atmosphäre. Insofern muss man hier sehr bedacht argumentieren und eigentlich dafür plädieren, gesunde Bäume im Wald zu lassen[82]. Während sich die dauerhafte „Einlagerung" in der Konstruktion von Gebäuden oder im Möbelbau noch als sinnvoll erweist, ist die Verwendung als Energieträger in jeder Hinsicht

[81] www.lwk-niedersachsen.de/lwk/news/39359_Sie_beschaeftigen_sich_mit_Freiflaechen-Photovoltaik_-_Was_Sie_zu_diesem_Thema_wissen_sollten
[82] co2-speichersaldo.de/de/index.html

problematisch[83]. Das gilt für den Holzscheit im Kamin genauso wie für die Pelletheizung.

Bleiben im Wesentlichen noch Gärreste aus Biogasanlagen, die langfristig eher wegfallen werden, und Gülle aus der Tierhaltung. Zwar wird an der Gülleverwendung schon seit geraumer Zeit geforscht[84], aber die Landwirtschaft schreckt vor den Kosten zurück, sodass das bereits stark reglementierte Ausbringen auf Äckern weiterhin die Methode der Wahl ist. Es bleibt an dieser Stelle abzuwarten, ob die Reduktion des Fleischkonsums langfristig zu einer Reduktion des Problems führen wird. Eine energetische Verwendung von Gülle erscheint weiterhin als schwierig.

Punkt 9 und 10 – Steinkohle und Wirkungsgrad – werden wir im Weiteren noch behandeln, deshalb verzichten wir hier auf eine Diskussion.

Was bedeutet also nun die Wende? Zum einen, dass wir wo möglich Ökostrom einsetzen. Zum anderen, dass wir, wo das nicht möglich ist, grünen Wasserstoff einsetzen, also solchen, der aus Ökostrom gewonnen wird. Man kann nun unter den gemachten Annahmen alle Bedarfe in Strom- und Wasserstoffanwendungen aufteilen und kommt nach etwas Fleißarbeit zu folgendem Ergebnis:

- Wollen wir mit den getroffenen Annahmen den gesamten Strombedarf von 1.100 TWh aus Wasser, Wind und Photovoltaik abdecken, brauchen wir dazu knapp das Sechsfache des jetzigen Stroms aus diesen erneuerbaren Quellen.
- Wollten wir bei unserem Wasserstoffbedarf autark werden, bräuchten wir mit 550 TWh dazu noch einmal knapp das

---

83 www.deutschlandfunkkultur.de/holz-ofen-heizen-luftverschmutzung-feinstaub-102.html

84 www.igb.fraunhofer.de/content/dam/igb/documents/produktblaetter/umwelt/naehrstoffe/1803_PB_guelleaufbereitung-guelleverwertung_de.pdf

> Dreifache des jetzigen Stroms aus den genannten Quellen, um ihn zu erzeugen. Dabei fielen knapp 160 TWh an Abwärme der Elektrolyseure an, die sich im Wesentlichen zur Gebäudeheizung verwenden ließen, beispielsweise anstatt der bisher gut 100 TWh fossil erzeugter Fernwärme.

Das lassen wir erst einmal etwas sacken, bevor wir uns später noch ein paar kleineren Schwächen einer solchen summarischen Abschätzung zuwenden. Fest steht jedenfalls eines: Oha! Aber es gibt auch zwei gute Nachrichten: Zum einen sparen wir durch die Effizienzgewinne bei der Elektromobilität und den Wärmepumpen bereits mehr als 40 % der Endenergie, und zwar ohne dass wir den Gürtel enger schnallen müssten, einfach nur durch das neue Energiesystem. Weiterhin sinkt die Importabhängigkeit bei Energie drastisch von über 70 % auf etwa 30 %, wobei man noch genauer hinschauen muss, wie viel Wasserstoff wir am Ende wirklich importieren werden.

Die im vorangegangenen Abschnitt ermittelten Zahlen sind wichtig und in dem Sinne richtig, dass auch andere Autoren zu ähnlichen Ergebnissen kommen. Aber wie sieht dann unsere technische Umwelt 2050 aus? Dazu wollen wir nach der eher sachlichen Tour durch die Zahlenwelt im nächsten Kapitel einen Blick in die Glaskugel wagen.

3. Leben 2050
Oder:
Wie die Welt nach der Energiewende aussehen könnte

In der siebenundfünfzigsten Secunde öffneten sich die Salonthüren und der Schwengel hatte noch nicht die sechzigste Secunde hören lassen, als Phileas Fogg erschien, gefolgt von einer wahnsinnigen Menge, welche den Eingang in den Club erstürmt hatte, und mit seiner gelassenen Stimme sprach: »Hier bin ich, meine Herren!«

Mit diesen Worten endet das Abenteuer in einem der wohl bekanntesten Romane der Weltliteratur[85], der „Reise um die Erde in 80 Tagen" aus dem Jahre 1873 von Jules Verne. Der Autor, der vor allem im Genre Science-Fiction bekannt geworden ist, konnte sich allerdings bei diesem Reisebericht von einem Mitmenschen inspirieren lassen. George Francis Train, ein amerikanischer Geschäftsmann und Politiker, hatte es 1871 tatsächlich geschafft, die Welt in 80 Tagen zu umrunden[86]. Train soll empört gewesen sein, dass Verne die Geschichte aufgriff, ohne ihn beim Namen zu nennen. Die Reise war daher überhaupt nicht mehr futuristisch, sondern angesichts der noch nicht zuverlässigen technischen Systeme höchstens abenteuerlich. Seit 1869 konnte man nämlich bereits die USA zwischen Atlantik und Pazifik mit der Eisenbahn[87] und den Suez-Kanal mit dem Dampfschiff zwischen Indischem Ozean und Mittelmeer[88] durchfahren.

Wenn man heute unsere Zukunft 2050 ins Auge nimmt, sollte man mit Blick auf die Vorhersagen der Vergangenheit nicht zu sehr die Gegenwart fortsetzen wollen. Das Bestehende war noch nie ein

---

[85] www.projekt-gutenberg.org/verne/80tage/chap01.html
[86] history.nebraska.gov/publications_section/train-george-francis/
[87] www1.wdr.de/radio/wdr5/sendungen/zeitzeichen/eisenbahn-106.html
[88] klexikon.zum.de/wiki/Sues-Kanal

gutes Modell für das, was kommen wird. Aber man kann – wie Jules Verne damals – bereits heute ohne Science-Fiction große Teile der Zukunft und der Lösungen erkennen, und daher ist es auch nicht weiter verwunderlich, dass sich unsere Welt, was die Energieversorgung angeht, schon in ihren Konturen abzeichnet. In aller Kürze: Es scheint machbar zu sein, dass wir uns viele Annehmlichkeiten bewahren, die wir liebgewonnen haben. Allerdings werden wir an anderen Stellen wieder auf ein menschliches Maß zurückschrauben müssen, insbesondere was den Konsum von Gütern angeht. Das mag einigen Leuten als Zumutung, ja sogar als Rückschritt erscheinen, aber die wirklichen Zumutungen würde eine unbewältigte Klimakrise für uns alle bereithalten.

Im ausgehenden 19. Jahrhundert ging es praktisch pausenlos weiter auf dem Weg der technischen Innovationen: mit dem Kühlschrank 1876, der Glühbirne 1879, dem ersten Motorwagen[89] 1886, der Schallplatte 1887, der U-Bahn 1890 und der Hochspannungsleitung 1891[90]. Im Jahr 1884 flog das erste lenkbare Luftschiff[91], übrigens mit Batterie und Elektromotor. Trotz aller Krisen, die in dieser Zeit herrschten – der deutsch-französische Krieg war 1871 zu Ende gegangen – mussten die Menschen damals das Gefühl haben, in ein Karussell des technischen Fortschritts eingestiegen zu sein. Der Eiffelturm öffnete 1889 seine Plattformen, und er ist heute noch ein gut sichtbares Zeichen dafür, wie sehr wir diese wilde Fahrt des 19. Jahrhunderts als Bestandteil unseres Lebens akzeptiert haben. Das Karussell hat sich ununterbrochen weitergedreht, und wir haben nicht darüber nachgedacht, wohin das führen könnte.

---

89 group.mercedes-benz.com/unternehmen/tradition/geschichte/1885-1886.html

90 de.wikipedia.org/wiki/Chronologie_der_Technik

91 bawue.museum-digital.de/object/69212

Wenn Sie sich heute ein bisschen anstrengen und auf Sightseeing verzichten, fliegen Sie von London nach New York in 8 Stunden und 30 Minuten, dann steigen Sie um nach Singapur, das Sie nach 18 Stunden und 30 Minuten erreichen. Von dort geht es zurück nach London in 14 Stunden und 30 Minuten. Alles zusammengenommen, mit ein bisschen Zeitverlust beim Umsteigen, können Sie also in den 2020ern mit öffentlich verfügbaren Verkehrsmitteln in zwei Tagen um die Welt kommen, nicht schön, aber immerhin rekordverdächtig. Die Raumstation ISS braucht dazu übrigens etwa 90 Minuten[92], tausendmal schneller als Mr. Train. Die letzten 150 Jahre waren verrückt, aber nicht ausschließlich faszinierend. Sie haben uns die Klimakrise eingebrockt.

Einige Menschen sehen damals wie heute hinter den Veränderungen enorme Chancen für ihre persönliche Zukunft, vor allem wenn es gilt, das große Geld zu verdienen. Der amerikanische Bundesstaat Kalifornien mit Menschen wie Bill Gates oder Elon Musk steht für diese Mentalität des ständigen Fortschritts und des Traums von einem besseren eigenen Leben oder dem, was man dafür hält. Die Energiewende als neuer Goldrausch? Das meint vielleicht der Teil der Menschheit, der sich die neue Welt finanziell leisten oder ein Geschäft daraus machen kann. Wer nicht zu dieser Gruppe gehört, hat eher die Sorge, abgehängt und weiterhin benachteiligt zu werden. Die Angst der Menschen, die um ihr tägliches Auskommen kämpfen müssen, ist die Angst vor dem Verlust an Lebensqualität und von Besitz. Wenn ich mir hinterher den Weg zur Arbeit, eine angenehme Wohnung in freundlicher Umgebung, eine gesunde Ernährung und ein Mindestmaß an sozialen Kontakten und Freizeitaktivitäten nicht mehr leisten kann, bin ich natürlich nicht zu Veränderungen bereit. Das erscheint uns als nur allzu verständlich, und deshalb bemühen sich einige der politisch

---

[92] www.geo.de/wissen/weltall/horizons/19072-quiz-astro-frage-der-woche-alexander-gerst-verbringt-ein-halbes-jahr

Verantwortlichen immer wieder um beruhigende Worte. Parlamentsmitglieder könnten schließlich im Ernstfall die Zukunft im Sinne ihrer Wählerinnen und Wähler mitgestalten. Wir leben schließlich nicht in einer Monarchie wie zu Zeiten der industriellen Revolution, die am Ende zu einer sozialen Revolution mit der Ablösung der Herrschenden wurde.

Es gibt aber auch Menschen, die grundsätzlich im Wandel nur Nachteile für sich erkennen. Wer als Unternehmen oder Privatperson heute gut davon lebt, dass die Welt so bleibt wie sie ist, tutet natürlich gerne so laut wie möglich gegen jede Art von Veränderung ins Horn, manchmal trotz besseren Wissens. Das fängt bei Pressekampagnen zur „Volksverunsicherung“ an und endet im schlimmsten Fall damit, dass Wissenschaftler sich für Gutachten kaufen lassen oder man Diktatoren unterstützt. Die Wahrheit bleibt dann absichtlich auf der Strecke oder wird schlicht nicht erzählt, und der Appell an das Gefühl statt an den Verstand funktioniert besonders gut, wenn den Menschen die Sachkenntnis fehlt, um die Manipulation erkennen zu können. Wer nichts weiß, muss alles glauben, und dabei sind soziale Medien der neue Guru mit „alternativen Fakten“.

Um es deshalb zu Beginn dieses Kapitels ganz klar und deutlich zu sagen: So, wie sich die Energiewende heute abzeichnet, wird sie eher überschaubaren Einfluss auf unser Zusammenleben in Deutschland haben. Das ist die erste gute Nachricht. Jedenfalls ist nicht zu erkennen, warum sich die Unterschiede zwischen Arm und Reich ausgerechnet dadurch verschlimmern sollten, dass wir von fossilen auf regenerative Energieträger umstellen. Da finden sich ganz andere Gründe, warum sich die Einkommensungleichheit verschärfen könnte, beispielsweise durch die Kosten für Schäden aus Extremwetterereignissen. Wer also in der Bevölkerung Ängste vor den Veränderungen schürt und die erneuerbaren Energien als Argument vorschiebt, stellt seinen eigenen Vorteil über das Gemeinwohl.

Die zweite gute Nachricht: Wir kennen im Grunde alle technischen Lösungen, die wir zur Energiewende brauchen. Es muss keine geniale Idee, kein Wunder mehr vom Himmel fallen. Neue Arten von Kernkraftwerken kommen genauso zu spät wie die Kernfusion. Klar, die Forschung ist hier und da noch dabei, bessere Lösungen zu finden. Aber gute Lösungen kennen wir schon. In der Praxis weiß man natürlich noch nicht überall und endgültig, welches Gerät oder Verfahren sich durchsetzen wird, nur war das schon immer so. Stellen Sie sich vor, wir hätten 1960 gesagt: Auto fahre ich noch nicht, da kann man noch wahnsinnig viel verbessern. Das stimmt, ein PKW von 1960 wäre nach heutigen Maßstäben weder sehr sicher noch lange haltbar. Auch nach 60 Jahren Weiterentwicklung gibt es immer noch Autos, man konnte aber schon 1960 individuell von A nach B kommen. Es besteht also an dieser Stelle Grund zu einem optimistischen Nachdenken über heutige und zukünftige Technologien für die Umwelt.

Wie machen wir mit der Energiewende konkret weiter? Im Unterschied zum vorherigen Kapitel mit den Bedarfsberechnungen, die eine möglichst energiesparende Gesamtlösung voraussetzen, geht es jetzt darum, was wirklich passieren könnte und was das für uns jeweils bedeuten würde. Bisher unterstellen wir nämlich, dass die Menschheit sich entsprechend den ziemlich eindeutigen Ergebnissen der Wissenschaft irgendwie vernünftig verhalten wird. Sicher ist das weder vor der eigenen Haustür noch in der weiten Welt. Darum haben wir im Folgenden auch immer zwei „Zukünfte“ gemalt: eine graue, in der alles viel zu langsam geht und wir die negativen Auswirkungen spüren werden, und eine bunte, mit der wir ganz gut zurechtkommen. Sicher ist: Wir sind spät dran, unser Heimatplanet hat schon Fieber, und nicht überall auf der Welt kann man „krank zu Hause“ bleiben. Es gibt Länder, denen ist der Klimaschutz erstmal egal, weil die Not von heute größer ist als die Not von morgen, auch wenn man damit die Krise verschleppt. Das gilt es zu berücksichtigen.

Wir wollen in den nächsten Abschnitten ein paar Themen angehen, die uns allen in den Industrienationen auf den Nägeln brennen. Dazu gehören unser Wohnen, unsere Mobilität, unsere Ernährung und unsere Arbeit, also schlicht unser Leben 2050.

Heizen

Während diese Zeilen entstehen, arbeiten Bundesregierung und Bundestag an einem neuen Gebäude-Energiegesetz, und man streitet darüber wie die sprichwörtlichen Besenbinder, wobei manches Argument an Sachlichkeit vermissen lässt. Es gibt wenige Themen, die das Dilemma zwischen Klimakrise und Energiewende so deutlich machen wie der Kampf um „jeden Millimeter Heizkessel". Was ist das Problem? Wasch mir den Pelz, aber mach mich nicht nass! Heizung scheint in Deutschland jedermanns Sache zu sein, ob nun im Eigenheim oder in der Mietwohnung. Da ist die Mieterhöhung der natürliche Feind jeder baulichen Maßnahme, und auch der Einbau einer neuen Heizung mit dem ganzen Aufwand und den Kosten stößt nicht gerade auf Begeisterung. Außerdem bleibt es ja meistens nicht beim neuen Heizkessel, sondern es geht auch um Fassadendämmung und Fenstertausch, was alles Lärm und Dreck verursacht und was auch wieder erstmal nur kostet.

Lassen Sie sich auf ein Gedankenexperiment ein. Warum sollten Sie zehntausend Euro in Ihr Haus stecken, wenn doch alles gut läuft? Na ja, die Heizkosten sind gestiegen, aber zwischen hundert Euro mehr auf der Gasrechnung und zehntausend Euro Umbaukosten stehen zwei Nullen, das rechnet sich in hundert Jahren nicht. Okay, der Heizölpreis hat sich seit der Jahrtausendwende fast verdreifacht, aber der geht sowieso immer rauf und runter und man hat dann wenigstens eine beruhigende Reserve im Tank. Notfalls tanken wir eben synthetisches e-Öl. Außerdem: Was sind die Alternativen? Gasheizung war wohl doch nicht so schlau, Holz oder Pellets waren mal Bio und sind es jetzt nicht mehr, Wärmepumpe ist laut und klappt ja angeblich nur mit Fußbodenheizung.

Fernwärme, wo denn? Oder als Mieter: Warum soll ich meinem Vermieter die Renovierung seines Hauses bezahlen? Das Geld fehlt mir jetzt, und in 5 Jahren wohne ich vielleicht gar nicht mehr hier. Merken Sie was? Wir können nicht aus unserer Haut, aus unserem Leben, wie es heute ist. Wir machen uns etwas vor. Alles Gesagte ist nachvollziehbar, und trotzdem wird sich alles ändern.

In 25 Jahren sind Fossile raus, dazu hat sich Deutschland verpflichtet. Wer also wie früher mit 30 Jahren Betriebsdauer rechnet und selbst jenseits der 50 Jahre alt ist, könnte noch eine Öl- oder Gasheizung einbauen, und es wird – man kann es kaum fassen – auch durchaus noch dafür geworben[93]. Wir könnten wirtschaftlich dagegen argumentieren, denn alle fossilen Treib- und Brennstoffe werden bereits seit 2021 mit einer CO_2-Abgabe belegt, die jährlich ansteigt[94]. Spätestens 2030 soll das den Verbraucher 20 % zusätzlich für Heizöl kosten, also für ein Altbau-Einfamilienhaus ungefähr 600 Euro mehr im Jahr. Tut das weh? Auf den ersten Blick nicht, allerdings auf 30 Jahre schon, da sind es nämlich summa summarum 18.000 Euro, sodass sich die neue Heizung lohnen würde. Beim Gas wäre es zwar noch günstiger, so um die 250 Euro auf den Gesamtpreis pro Jahr, aber in 30 Jahren dann auch schon wieder 7.500 Euro. Die Welt ist im Wandel, und in Öl und Gas zu denken und zu handeln bedeutet, in der Vergangenheit zu leben. Wer sich, was seine alte Heizung angeht, noch an die Politik klammert und auf die Ewiggestrigen hofft, wird vermutlich von den Mehrheiten im Bundestag enttäuscht werden. Politiker machen nicht rückgängig, was zwar die Vorgängerregierung gegen den Widerstand der eigenen Opposition beschlossen hat, was man selbst aber auch hätte beschließen müssen, wäre man an der Regierung gewesen. Zudem füllt die CO_2-Abgabe das staatliche

---

93 www.zukunftsheizen.de/brennstoff/wie-lange-reicht-das-erdoel/
94 www.finanztip.de/co2-steuer/

Geldsäckchen, und man hat ja bereits einen Schuldigen gefunden, nämlich die Vorgängerregierung.

Am Ende führt also kein Weg daran vorbei, sich mit seiner Heizung zu beschäftigen. Müssen wir denn sofort umbauen? Man könnte als letztem Rettungsanker noch argumentieren, dass die Treibhausgase, die bei der Herstellung und Entsorgung einer Öl- oder Gasheizung anfallen, durch die Einsparungen mit einer neuen Anlage erstmal abgearbeitet werden müssen. Das ist richtig, es stellt sich jedoch heraus[95], dass diese Treibhausgas-Amortisation sehr schnell passiert, je nach Wohnung innerhalb von zwei bis drei Jahren. Danach verlieren offenbar alle fossilen Kleinheizungen das Öko-Rennen unwiederbringlich. Am Ende sind sie über zehnmal schlechter für die Umwelt als andere Lösungen. Wer also eine Heizung hat, die älter als fünf Jahre ist, sollte auf jeden Fall mit spitzem Bleistift nachrechnen, ob sich mit Blick auf die ganzen Fördertöpfe die Umrüstung nicht doch lohnt. Vermutlich lautet die Antwort immer: Ja, machen, auch wenn man kein Öko ist.

Kommen wir zu der spannenden Frage, was wir uns also als Lösungen für die Zukunft vorstellen dürfen. Es sind elektrisch betriebene Wärmepumpen, wenn wir genügend Ökostrom haben. Punkt. Sollte das nicht der Fall sein, werden importierte Wasserstoffprodukte in Gasthermen vermutlich zwar die energetisch günstigste, aber empfindlich teurere Alternative darstellen. In allen Fällen steht man gut da, wenn man mit Fernwärme versorgt wird, denn selbst wenn die Vorlauftemperatur aus dem Heizwerk für die eigenen Heizkörper zu niedrig wäre, könnte man über Wärmepumpen noch günstig hochheizen. Wärmepumpen funktionieren übrigens entgegen vielfacher Behauptungen auch ohne umfang-

---

[95] www.wwf.ch/sites/default/files/doc-2022-01/2022-01-Studie-Oekobilanz-vorzeitiger-Heizungsersatz.pdf

reiche energetische Sanierung[96]. Sanierte, gut isolierte Häuser würden allerdings nicht nur bei Kälte, sondern auch bei Hitze helfen. Im Grunde liegt der Handlungsbedarf also auf dem Tisch. Und wer genau müsste handeln?

In groben Zahlen: Von den 40 Millionen Wohnungen in Deutschland finden sich die Hälfte in Ein-/Zweifamilienhäusern und die andere Hälfte in Mehrfamilienhäusern[97]. Von den 15,4 Millionen EFH/ZFH sind mehr als 20 % vor 1948 gebaut worden, und man muss sich als Eigentümer einer solchen Immobilie schon die Frage stellen, ob das Grundstück ohne Haus nicht mehr wert wäre. Es sind ja nicht nur die energetischen Schwächen solcher Gebäude, sondern neben Wärmeschutz spielen auch Schallschutz, zeitgemäße Grundrisse und Nutzbarkeit oder Barrierefreiheit eine wichtige Rolle. Selbst wenn die Fassade isoliert und neue Fenster und eine neue Heizung eingebaut wurden: Es bleibt ein altes Haus mit eigenem „Charme“. Wie auch immer, zwei Drittel der Wohnungen in Deutschland entsprechen aufgrund ihres Alters nicht mehr den Bestimmungen der Ersten Wärmeschutzverordnung von 1979 (beschlossen 1977). Vielfach wurde zwar teilsaniert, aber eigentlich müssten alle Hauseigentümer einmal richtig aufräumen, um die Klimaziele im Gebäudebereich erreichen zu können. Dazu besteht jetzt die Gelegenheit. Die Antwort auf die Frage nach dem „wer“ endet also schon mal in einer Vielzahl der Fälle mit einem Blick in den Spiegel.

Das ganz große Stichwort für 2050 lautet „Wärmenetze“. Darunter muss man nicht unbedingt Fernwärme verstehen, die Lösungen funktionieren auch innerhalb von Stadtteilen. Deshalb erscheint es als sinnvoll, die Städte und Kommunen erstmal zu einer

---

96 www.ise.fraunhofer.de/de/leitthemen/waermepumpen/waermepumpen-in-bestands-einfamilienhaeusern.html

97 www.baustoffindustrie.de/fileadmin/user_upload/bbs/Dateien/Downloadarchiv/Bauwirtschaft/Bestandsersatz2.0.pdf

Wärmeplanung zu verpflichten. Solange einerseits die Rahmenbedingungen für die Hausbesitzer nicht klar sind, wird sich niemand mit Blick auf die Zukunft gerne für eine Heizungsart entscheiden. Andererseits kann ein Wärmeanbieter nicht planen, wenn er nicht weiß, wie viele Haushalte sich anschließen lassen. Zwar gibt es theoretisch die Möglichkeit der Kommunen, einen Anschluss- und Nutzungszwang in einer Satzung zu fixieren, aber es finden sich in der juristischen Fachliteratur praktisch nur Gemeinden, die von derart gezwungenen Hausbesitzern mit Gerichtsprozessen überzogen werden. Spricht man deshalb mit Wärmeanbietern, setzen diese weniger auf Zwang als auf sachlich überzeugende Argumente wie Preis, Versorgungssicherheit, Einfachheit und Platzersparnis. Das freut auch die Kommunalpolitik, denn man will wiedergewählt werden und keinen Druck ausüben müssen.

Aber warum sind Wärmenetze so attraktiv? Dazu gibt es drei wichtige Schlagworte: Kompetenz, Abwärme und Wärmespeicher. Fernwärmeheizwerke werden bisher vor allem mit fossilen Brennstoffen betrieben, das heißt, wenn man hier umstellt, hat man sofort einen langen Hebel und kann ganze Stadtviertel auf saubere Lösungen trimmen. Das Gleiche gilt auch für Nahwärmenetze. Ein weiterer großer Vorteil: Wer auch immer diese Netze betreibt, verfügt bereits heute über hohe Fachkompetenz. Das Unternehmen kann sich mit seinen allgemein raren Fachleuten unter Berücksichtigung aller technischen, rechtlichen und wirtschaftlichen Rahmenbedingungen auf die neue Welt einstellen und immer die effektivsten Lösungen anbieten.

Beim Thema Abwärme geht es um das Einbinden größerer Unternehmen, die entweder Wärme auf Heiztemperatur aus ihrer Fertigungslinie übrighaben oder beispielsweise ihre Dachflächen vermarkten wollen. Weil solche Wärmequellen immer mal wieder ausfallen können – Umstellungen, Wartungen, Krisen oder schlicht das Wetter –, kann man das Unternehmen nicht einfach so anschließen und die Sache ist erledigt. Das erweist sich sogar als umso schwieriger, je größer die Wärmequelle ist. Wer beispielsweise Wärme von einem Wasserstoff-Elektrolyseur mit zwei Gigawatt elektrischer Leistung verwenden will, könnte dort während der Produktion etwa 600 Megawatt 80 Grad Celsius warmes Kühlwasser bekommen. Das klingt erstmal gut. Zum Vergleich bringt das Heizkraftwerk Berlin Mitte eine Heizleistung von 680 Megawatt[98]. Eine Reserve für den Produktionsstopp beim Elektrolyseur wäre daher schon ein enorm großer Kessel, oder man müsste einen sehr großen Speicher bereithalten. Jedenfalls ist das ein Thema für einen professionellen Anbieter wie ein Stadtwerk, die mit solchen Unwägbarkeiten umgehen können. Es geht auch hier wieder darum, mit der richtigen Wärmemenge zur rechten Zeit vor Ort zu sein. Allerdings wäre es schon sträflich, ein so großes Energiepotenzial wegen Ideenlosigkeit einfach liegen zu lassen.

Schlüssel zu einer zuverlässigen Wärmeversorgung sind wohl Wärmespeicher in Kombination mit großen Wärmepumpen, die aus diesem Speicher schöpfen. Wer nun aber an Speichern zweifelt und seine Thermoskanne vor Augen hat, in der das Wasser gerade mal einen halben Tag warm bleibt, kennt die modernen Techniken noch nicht. Zunächst einmal spielt die Größe des Speichers eine besondere Rolle. Stellen Sie sich ein würfelförmiges Gefäß vor. Wenn ich die Kantenlänge des Würfels verdoppele (von a auf $2 \cdot a$), steigt seine Oberfläche auf das Vierfache (von $6 \cdot a^2$ auf $6 \cdot (2a)^2 = 24 \cdot a^2$). Durch diese Oberfläche verliert das Speichermedium die Wärmeenergie an die Umgebung. Die Oberfläche bestimmt auch wesentlich die Baukosten des Speichers, nämlich die Menge an Blech oder Beton drumherum. Das Volumen des Würfels steigt erfreulicherweise auf das Achtfache (von a^3 auf $(2 \cdot a)^3 = 8 \cdot a^3$). Die Menge an Wasser in diesem Volumen bestimmt jedoch, wie viel Wärme gespeichert werden kann. Wir gewinnen also deutlich. Den

[98] powerplants.vattenfall.com/de/mitte/

Vergleich zwischen Oberfläche und Volumen kann man fortsetzen. Bei zehnfacher Größe steigt das Volumen auf das Tausendfache, die Oberfläche aber nur auf das Hundertfache. Je größer der Tank, umso günstiger wird das Verhältnis von gespeicherter zu verlorener Energie. Es bieten sich also immer Lösungen an, die möglichst viele oder große Abnehmer versorgen helfen. Selbst bei dem einfachsten Ansatz, bei dem warmes Wasser in einen großen Behälter gepumpt wird, um es später wieder zu nutzen, bleiben bei entsprechender Größe die jährlichen Verluste unter 10 %. Das ist durchaus zu verschmerzen.

Aus Sicht der Physik noch günstiger wären sogenannte Eisspeicher, bei denen nicht die Wärmespeicherfähigkeit des Wassers genutzt wird, sondern die Energie, die beim Gefrieren des Wassers frei wird (Latentwärme). Wie kann man sich das vorstellen? Wenn ich Eis schmelzen will, muss ich die starken Bindungen, die die Atome zusammenhalten und dem Eis seine Härte verleihen, wieder aufbrechen. Zum Schmelzen von Wassereis wird etwa so viel Wärmeenergie benötigt wie bei der Erwärmung der entstehenden Menge an Schmelzwasser von 0 °C auf 80 °C[99]. Deshalb funktioniert das „On-the-rocks“ im Getränkeglas auch so gut. Wenn umgekehrt das Wasser zu Eis gefriert, wird diese Energie wieder frei und kann zum Beispiel mit einer Wärmepumpe genutzt werden. In diesem Fall muss ich den Speicher sogar gar nicht isolieren, weil die Umgebung praktisch immer wärmer als das Speichermedium ist und mir deshalb kostenlos zusätzliche Wärmeenergie in den Speicher hinein liefert. Welche Speicher sich in welchem Zusammenhang als günstigste Lösung erweisen werden, muss man noch abwarten. Aber Wärmespeicher sind keine Hexerei, und wenn doch, kennen wir alle Zaubersprüche.

---

[99] www.energie-lexikon.info/schmelzwaerme_und_erstarrungswaerme.html

Das klingt alles gut, und wo ist nun der Haken bei den Wärmenetzen? Ich brauche Rohre im Boden für den Transport des warmen Wassers, und zwar durchaus in Arm- bis Bein-Dicke. Genau wie bei Strom, Internet oder Gas müssen diese – dann in dünneren Rohren – bis an jedes Haus gelegt werden, was bedeutet, dass der Wärmeversorger erstmal sein Geld im Boden verbuddelt, bevor er den ersten Euro verdient. Nun haben wir aber gerade in den letzten Jahrzehnten viele Stadtgebiete mit Gasleitungen versorgt, die leider nicht dick genug sind, um sie auch als Wärmenetz zu nutzen. Also liegt jetzt das Geld für die Gasnetze im Boden und wartet darauf, abbezahlt zu werden. Wie hieß es noch so schön: Erdgas ist die sauberste fossile Technologie? Richtig, aber damit haben wir einen klassischen „Lock-in-Effekt" erzeugt: Die Infrastrukturgelder sind weg, und wir stellen fest, dass wir vermutlich auf das falsche Pferd gesetzt haben. Alle Kunden betreiben eine Gastherme, niemand will den Wechsel, weder der Gasnetzbetreiber noch der Gasversorger noch der Gasverbraucher. Game over.

Warum pumpen wir dann nicht einfach Wasserstoff ins Gasnetz, zumindest schon mal als Beimischung zum Erdgas? Angeblich können wir doch alles „H2-ready" machen. Nun ja, das unterstellt neben der Eignung der Netze, dass wir sehr bald genügend Wasserstoff bereitstellen können, und zwar möglichst grün, also mit Ökostrom hergestellt. Bei diesem Ansinnen stehen allen Fachleuten die Haare zu Berge. Warum? Ich stelle also aus wertvollem, knappem Ökostrom unter Verlust von über 30 % der Energie teuren Wasserstoff her, um dann das Dümmste damit zu machen, was geht, nämlich Wärme zu erzeugen. Irgendwie drehen wir uns im Kreis, es sei denn, irgendwer auf der Welt stellt uns große Mengen billigen Wasserstoffs auf den Hof. Die Politik hat gemerkt, dass da etwas nicht passt, und reist nun in der Welt herum, um neue Wasserstoff-Allianzen zu schmieden und Schwellen- oder Entwicklungsländern neue Hoffnungen auf das große Geld zu machen. Vermutlich kommt der Wasserstoff dann auch gleich in Form von e-Methan, also quasi e-Erdgas. Dann bräuchten wir auch kein H_2-ready mehr.

Quintessenz: Vielleicht sollten wir doch besser den Strom direkt zum Betrieb von Wärmepumpen einsetzen, wenn die Stromleitungen es denn aushalten und die Kapazitäten auch noch zum Laden der E-Autos ausreichen. Sonst müssen wir eben die Straße aufbuddeln und stärkere Stromleitungen legen und gleich Wärmerohre mit – Scherz beiseite. Das setzt außerdem voraus, dass wir genügend Ökostrom haben. Wenn das nicht der Fall ist, müssen wir noch eine weitere Drehung machen, nämlich Wasserstoff importieren und Strom damit produzieren, besonders im Winter, wenn wir wenig Sonnenenergie und einen hohen Heizbedarf haben. Wenn Sie jetzt verwirrt sind und das alles gaga finden, haben Sie wahrscheinlich recht. Hätten wir früher mit der Energiewende angefangen, könnten wir jetzt gelassen abwarten, wie sich Technologien und Märkte entwickeln. Hätte, hätte.

Butter bei die Fische: Was kann man daraus für Deutschland 2050 zusammenfassend folgern? Öl, Kohle und Gas werden out, Fernwärme und Wärmepumpen werden in sein. Holz, Pellets und Biogas werden nicht mehr gern gesehen. Auf dem Weg dahin ersetzen wir die Gasnetze durch Wärmenetze und ertüchtigen die Leitungen auf Niederspannungsebene (Hausstrom) für die Wärmepumpen. Dazu bleiben uns jetzt etwa 25 Jahre Zeit, was bedeutet, dass im Rahmen einer etwas beschleunigten Ausmusterung alter Heizungsanlagen das Ziel noch zu erreichen sein wird. Wärme- und Stromnetzbetreiber sind genauso gefordert wie Wärme- und Stromversorger, die diese Leitungen zum Liefern brauchen. Hier muss und wird der Staat noch einmal gesetzlich und fördernd nachlegen. Eigenheimbesitzer haben bis dahin Eigenstrom aus PV, einen Batteriespeicher und vielleicht im Nachbarschaftsverbund eine Wasserstofflösung (Brennstoffzelle, Gasflaschen und möglicherweise sogar einen Elektrolyseur). Damit wird auch die Wärmepumpe betrieben und, sofern noch Platz und Geld da sind, wird diese unterstützt durch Erdwärme, Solarthermie und Nachbarschaftsspeicher. Im Übergang kommen möglicherweise zeitweilig nochmal Gaswärmepumpen zum Einsatz, bis die Gasnetze abgeschaltet und die stärkeren Kabel eingeschaltet werden. Mietshäuser werden insbesondere in den Ballungsräumen mit Fernwärme betrieben. Dazu kaufen die Wärmeversorger Abwärme ein, betreiben große Wärmepumpen, gewinnen Erdwärme und befüllen im Sommer große Wärmespeicher. Übermäßige Stromproduktion aufgrund des massiven Ausbaus der Wind- und PV-Kraftwerke kann auch in Hochtemperaturspeichern gesichert und noch vielseitiger verwendet werden. Im Zuge der 25 Jahre wird weiterhin ein Großteil der verbleibenden Gebäude hinsichtlich der Gebäudehülle und der Wärmeverteilung im Haus energetisch erneuert. So weit, so gut.

Diese Prognose passt einigen Mitmenschen überhaupt nicht – aus bereits genannten Gründen –, und sie werden einiges daransetzen, ein Voranschreiten mit dem dargestellten Ergebnis zu verhindern oder zumindest zu verlangsamen. Dafür gibt es einige Möglichkeiten. In der Öffentlichkeit kann man zunächst einmal Zweifel säen: an der Bezahlbarkeit, an der grundsätzlichen Machbarkeit, an der Zuverlässigkeit, an der praktischen Umsetzbarkeit, an der Ernsthaftigkeit der Politik, an der Bereitschaft der Bürgerinnen und Bürger oder an der Klimakrise und damit an der Notwendigkeit der Energiewende. Blabla aus Eigeninteresse. Die verheerendste Form der öffentlichen Meinung ist wohl der Zweifel an der Klimakrise überhaupt oder zumindest an deren Dramatik. Das kennen wir unter anderem von vielen Anhängern der Republikanischen Partei in den USA[100]. Hier gilt das wissenschaftliche Argument wenig, und selbst angesichts der offensichtlichen Zunahme von Extremwetterereignissen hält man die eigene Wahrnehmung

[100] www.nytimes.com/2023/06/08/us/politics/wildfires-republicans-climate-change.html

für ein Hirngespinst. Weil nicht sein kann, was nicht sein darf. Vogel Strauß. Mit fortschreitender Klimaveränderung dürfte die allgemeine Betroffenheit zunehmen, und es besteht dann die Gefahr der Radikalisierung größerer Teile der Bevölkerung mit dem klassischen Ruf nach dem starken Mann oder den einfachen Lösungen. Ist es das, was man erreichen will? Hitze macht aggressiv, Ernteausfälle machen hungrig. Wir müssen uns mit solchen Horror-Szenarien leider noch in einem späteren Kapitel befassen.

In Deutschland sind wir von dieser Lage hoffentlich noch ein gutes Stück entfernt. Stattdessen greifen Verzögerungsmechanismen, insbesondere die Suche nach dem idealen Weg. Wir wollen schließlich gleich alles richtig machen, und bevor nicht alle Details und Folgen klar sind, machen wir lieber nichts. Die Lobby-Mühlen mahlen, immer wieder kommt die Forderung nach Technologieoffenheit auf. Gesetzgebungsverfahren werden behindert, der Druck in den und auf die beteiligten Ministerien steigt. Gasnetzbetreiber drängen auf Wasserstoff und in den Kommunen tobt der Kampf um Wärmenetze. Die Diskussionen bewegen sich mehr als einmal jenseits der sachlichen politischen Auseinandersetzung, und man vermisst als Beobachter den Konsens darüber, dass dringend etwas gegen die Klimakrise getan werden muss. Stattdessen kämpft jeder seinen Kampf.

Was geht Sie das an? Sehen wir uns als kleinen Einschub doch einmal an, ob diejenigen, die das Jahr 2050 wahrscheinlich nicht mehr erleben werden, tatsächlich nicht betroffen sind. Gegenwärtig ist es schon fast ein Glaubensbekenntnis, dass man sich in jedem Alter fit hält und sich gesund ernährt. Das könnte daneben gehen. Wer 1960 geboren wurde, hat eine mittlere Lebenserwartung von knapp 70 Jahren[101]. Diese Zahl erhöhte sich für den Jahrgang 1980 auf 73 Jahre und für den Jahrgang 2000 werden knapp

[101] de.statista.com/statistik/daten/studie/273406/umfrage/entwicklung-der-lebenserwartung-bei-geburt-in-deutschland-nach-geschlecht/

78 Jahre vorausgesagt. Dabei leben Frauen im Schnitt sechs Jahre länger als Männer. Aber möglicherweise müssen wir die Prognosen in Zukunft nach unten korrigieren. Wissenschaftler aus Barcelona, Genf und Montpellier konnten 2023 in einer umfangreichen Untersuchung darstellen, wie sich die Hitzewelle 2022 auf die Sterblichkeit in Europa ausgewirkt hat[102]. Dazu haben sie den Sommer von Ende Mai bis Anfang September untersucht und Zahlen aus allen Ländern Europas mit einer Gesamtbevölkerung von 543 Millionen Menschen zusammengetragen. Sie kommen zu dem Ergebnis, dass sich im betrachteten Zeitraum insgesamt um die 62.000 Tote der Hitzewelle zuschreiben lassen. Bezogen auf die Bevölkerung schätzen die Autoren 56 % mehr hitzebedingte Todesfälle bei Frauen als bei Männern, wobei die Sterberaten bei Männern im Alter von 0 – 64 Jahren und bei Frauen im Alter von 80+ Jahren besonders hoch waren. Ältere Damen sollten sich also durchaus in Acht nehmen. Ein kühler Kopf und tägliche Gymnastik allein werden nicht reichen.

Deutschland steht mit 8.173 zusätzlichen Toten auf Platz 3 nach Italien und Spanien. Nun gibt es bei diesen Berechnungen immer eine gewisse Unsicherheit, die die Wissenschaft pflichtgemäß ausweist: Es waren so gut wie sicher mindestens 5.374 und höchstens 11.018. Das ist zwar eine große Spanne, aber genauer geht es leider nicht. Sind das viele? Halten wir mal eine andere Zahl dagegen, die jedes Jahr für erheblich mehr Aufregung sorgt: In Deutschland starben 2022 im Straßenverkehr etwa 2.790 Menschen. Im Jahr 1998 waren es noch 7.790, und wir sahen uns genötigt, die 0,5-Promille-Grenze für den Blut-Alkoholwert einzuführen[103], was offenbar geholfen hat. Also ja, auch „nur" 5.374

---

[102] Ballester, J., Quijal-Zamorano, M., Méndez Turrubiates, R.F. et al. Heat-related mortality in Europe during the summer of 2022. Nat Med 29, 1857–1866 (2023). https://doi.org/10.1038/s41591-023-02419-z
[103] www.adac.de/news/bilanz-verkehrstote/

wären viele Hitzetote. Wir zahlen eben nicht nur finanzielle Schäden aus Katastrophen, sondern auch den „Todeszoll", wie ihn die englische Sprache nennt, nämlich klimabedingtes Frühableben sogar in Deutschland für diejenigen, die sich Schutz nicht leisten können. Niemand sollte sich sicher fühlen, zumal wir nach dem Hitzesommer 2003 mit etwa 70.000 Toten in Europa eigentlich schon ohne Erfolg vorgesorgt hatten. Also vielleicht ist man sowieso tot, wenn die Klimakrise zuschlägt, aber möglicherweise auch schon früher.

Kehren wir zurück zu der Frage, was denn im Bereich Heizung im ungünstigsten Fall passieren könnte. Die erste Frage ist die nach den Kosten für fossile Brennstoffe, die sich aus „technischen" und aus „politischen" Bestandteilen zusammensetzen. Seit Jahrzehnten wird angenommen, dass die Preise für Energie steigen werden, weil immer mehr Menschen Bedarf anmelden. Ein Blick in die Vergangenheit zeigt aber, dass gerade der Ölpreis von so vielen Faktoren bestimmt wird, dass die mögliche Verknappung bisher noch gegenüber politischen Überlegungen der OPEC-Staaten und Finanzspekulationen eine untergeordnete Rolle spielt[104]. Gerade der Weiterbetrieb bestehender Anlagen und vorhandener Infrastruktur für Öl ist gegenwärtig die günstigste Methode, um ohne Rücksicht auf Umweltbelange an Energie zu kommen, weshalb insbesondere die ärmeren Länder der Welt gerne auch zukünftig darauf zurückgreifen werden, um ihre Entwicklungschancen zu nutzen. Wir fahren natürlich auch weiter Verbrenner und exportieren alte Autos in andere Länder. Daher scheint ein nachhaltiger realer Preisanstieg bei den Fossilen möglich und es ist Vorsicht und Vorsorge geboten. Insbesondere in Europa hat der Ukraine-Krieg noch einmal deutlich gemacht, in welchem Umfang wir von Energieimporten abhängig sind. Wenn sich also die Europäer nun bis 2050 vom Öl- und Gasmarkt verabschieden, könnte das durchaus zur

[104] www.nber.org/system/files/working_papers/w14492/w14492.pdf

Verbilligung der Fossilen führen, zumal sie preislich schon heute nicht mehr mit den Regenerativen konkurrieren können. Aber auch sowas ist Spekulation, und alle diese Überlegungen stehen auf wackeligen Füßen. Man sollte solche Unsicherheiten schlicht in unser aller Interesse beseitigen.

Das größte Risiko für die Gebäudeenergieversorgung besteht also darin, dass viele Menschen weiterhin auf die Verbrennung irgendwelcher Stoffe setzen, die in Europa nicht in hinreichender Menge vorhanden sind. Es ist deshalb von gewissen Politikern auch völlig widersinnig, fossile Brennstoffe und nationale Eigenständigkeit gleichzeitig zu predigen. Wir könnten – was unsere Raumwärme angeht – kaum abhängiger vom Ausland sein als im Moment.

Autofahren

Des Deutschen liebstes Kind scheint das Auto zu sein. Deshalb erweist sich auch das Thema Individualverkehr als gefühlsmäßig stark belastet. Es geht diesmal um „jeden Millimeter Stoßstange“. Man kann eine Debatte um die Zukunft der Mobilität ganz schnell vergiften mit Stichworten wie Geschwindigkeitsbegrenzung oder Straßenbau. Freie Fahrt für freie Bürger eben, aber letztlich sollte die Diskussion geführt werden.

Am Beispiel des Autos lässt sich gut darstellen, dass wir ganze Systeme umkrempeln müssen, um zu einer klimafreundlicheren Mobilität zu kommen. Ohne Straßen, Tankstellen und Ölterminals gäbe es keine sinnvolle Nutzung von Autos, und ohne Autos würde auch die Bereitstellung großer Mengen an Benzin keinen Sinn machen. Natürlich könnte man Straßen nur mit Fahrrädern nutzen, aber das sähe dann vermutlich ganz anders aus als eine Magistrale durch die Stadt. Das vielfach vorgebrachte Argument, es seien ja zu wenige Ladesäulen da, deshalb wolle man noch kein Elektroauto kaufen, ist eine Katze, die sich selbst in den Schwanz beißt. Wer investiert in eine Ladesäule, wenn dort niemand lädt? Damit sind wir scheinbar gefangen im schlechtesten aller Fälle: Wir verbrennen so lange Benzin und Diesel, bis unsere Autos auseinanderfallen. Wie bei der Heizung fällt die Entscheidung beim Auto nicht am Kabinetts-, sondern am Küchentisch, und deshalb müssen wir jede Autokäuferin und jeden Autokäufer überzeugen und diese Gespräche auch führen wollen. Außerdem geht es nicht nur um die Frage, wie viele Autos es gibt, sondern wie viel diese Autos gefahren werden. Ein Auto, das parkt, braucht leider Fläche und bindet Ressourcen, macht aber ansonsten wenig Dreck.

Wichtig bei der Diskussion ist es, zunächst einmal die anderen Streitpunkte abzukoppeln und ausschließlich die Frage zu beantworten, was nach dem Verbrennungsmotor kommt. Wenn man das nicht tut, landet man im argumentativen Chaos. Also sind die Straßen weiter verfügbar, und wenn nötig werden auch neue gebaut, die Geschwindigkeitsbegrenzung ist kein Thema, der öffentliche Personennahverkehr mit Bahnen und Bussen bleibt so unbefriedigend, wie er ist, vollständig autonomes Fahren bleibt eine Spinnerei und die Menschen verhalten sich bei der Nutzung ihres Autos wie bisher. Es geht in diesem Abschnitt ausschließlich um ein Auto, das beim Betrieb keine Klimagase ausstößt.

Hat der Verbrennungsmotor noch eine Chance – ob nun Benzin, Diesel oder Gas? Wohl eher nicht. Über grünen Wasserstoff hergestellte Treibstoffe, sogenannte e-Fuels, werden zum einen besonders teuer und zum anderen wegen der Knappheit dem Flugverkehr vorbehalten bleiben. Wer darauf setzt, muss vermutlich eher sehr reich sein, beispielsweise in der zunehmend aus der Zeit gefallenen Formel 1. Wir fahren unsere Verbrenner noch zu Ende, und dann ist wohl Schluss. Allenfalls eine geringe Chance hätten Methanol-Fahrzeuge, aber die Frage ist, ob wirklich mit Verbrennungsmotor oder eher mit Brennstoffzelle.

Dampfmaschine – kleiner Scherz – und Otto- oder Dieselmotor werden nach und nach verschwinden, und der neue Antrieb heißt Elektromotor. An dieser Stelle aber gleich eine Anmerkung, die sich als sehr wichtig erweist: Es geht dabei nicht nur um die

Batterie als Energiespeicher. Viele Menschen glauben, Elektromotor und Batterie gehörten untrennbar zusammen. Machbar ist auch ein Wasserstoff- oder Methanol-Tank und dann die Rückverstromung dieser Stoffe in einer Brennstoffzelle. Solche Autos kann man schon kaufen. Bei Verwendung von Methanol in der Brennstoffzelle muss dieser vorher noch in Wasserstoff und Kohlendioxid aufgespalten werden, was leider zusätzlich Energie kostet. Brennstoffzellen betreiben wir schon sehr lange in U-Booten, insofern sind sie als zuverlässig erprobt. Sie gehen den umgekehrten Weg der Elektrolyse und machen aus Wasserstoff und Sauerstoff Strom und Wasser. Wer also bei Wasserstoff im Auto an Verbrennung mit Flamme denkt, ist auf dem Holzweg. Das gab es schon mal, aber das kommt eher nicht wieder. Denkbar sind dagegen verschiedene Varianten der Kombination von Batterie und Brennstoffzelle, je nachdem, wie groß die Batterie ausfällt. Man spricht bei Elektrobussen beispielsweise von der Reichweitenerhöhung (Range Extender), wenn neben der Batterie auch noch Brennstoffzelle und Wasserstofftank eingebaut werden. Die Regel lautet, immer so lange wie möglich mit Batterie zu fahren, weil man beim Umweg über den Wasserstoff mindestens die Hälfte der elektrischen Energie verliert, und damit voraussichtlich auch die höheren Kosten haben wird. Aber wenn die Batterie dann wirklich leer wird, kann umgeschaltet werden.

Die sogenannte Elektromobilität mit Batterie wird also mit hoher Wahrscheinlichkeit den Siegeszug antreten, allein schon, weil ein Pkw mit Elektromotor ungefähr nur ein Drittel der Energie eines vergleichbaren Verbrenners benötigt. Allerdings tauchen ein paar Probleme auf, die dem Rad der Geschichte nochmal ein paar andere Richtungen geben könnten: das Gewicht der Batterie, der Bedarf an neuen Rohstoffen und deren Wiederverwendung, die Lade-Infrastruktur (sprich: die Stromtankstellen) und der Strombedarf. Die Sorge der deutschen Automobil- und Maschinenbauer um Arbeitsplätze in den Autofabriken, der Zulieferindustrie und der Industrieausrüster erscheint eher unbegründet. Natürlich verschwinden mit dem Elektromotor Motorblock, Kolben, Pleuel und viele andere mechanische Bauteile, aber vieles muss auch durch neue Bauteile im Motor oder in der Grünstromerzeugung ersetzt werden. Windenergieanlagen fallen schließlich nicht vom Himmel.

Klagen gehört zum Geschäft, gerade bei Deutschlands liebster Industrie. Man hat in den Vorstandsetagen lange auf Verbrenner gesetzt, vielleicht auch gar nicht aus technischen, sondern aus wirtschaftlichen Gründen. Es lässt sich schließlich mit dem Verkauf von Benzinern und Dieselfahrzeugen noch mindestens bis 2035 Geld verdienen, und die Umstellung auf Ökostrom wird auch noch ein paar Jahre in Anspruch nehmen. Jedenfalls ist die Modellpolitik großer Automobilhersteller eigentlich mit den Klimazielen des Bundestags, also unser aller Klimazielen, unvereinbar[105]. Aber die Käufer werden es schon richten, wenn es ansonsten überhaupt keine Neuwagen gäbe. Keine Neuwagen? Nun ja, China hat sich auf den Weg gemacht, und wir pumpen viel Subventionsgeld in diese Staatsbetriebe, wenn wir andere chinesische Waren importieren. Warum also nicht auch billige, weil von uns indirekt mitbezahlte Elektroautos kaufen, wenn nichts anderes da ist. Dazu haben wir doch Marktwirtschaft und einen freien Welthandel. Oder sollten wir doch Strafzölle erheben?

Das Gewicht der Batterie spielt insbesondere dann eine Rolle, wenn es um hohe Motorleistungen und große Lasten geht. Gegenwärtig scheint die Grenze zwischen der Versorgung über Batterie oder Brennstoffzellen in der Sprinter-Klasse zu liegen, also bei den Transportern zwischen 3,5 und 7,5 t zulässigem Gesamtgewicht. Alles, was wesentlich schwerer ist oder wesentlich mehr Leistung benötigt (z. B. Baumaschinen oder Panzer), wird wohl auf Wasserstoff umstellen. Das erklärt auch den enormen Bedarf an

---

[105] www.greenpeace.de/publikationen/ICE-Bubble_2.pdf

Wasserstoff im Verkehrsbereich (siehe Kapitel 2) und damit die mäßige Energiebilanz des Lkw-Transports.

Der Traum, auf langen Strecken Lkw über Oberleitungen mit Strom zu versorgen, scheint ausgeträumt[106], noch bevor die Forschungsprojekte beendet wurden. Vielleicht erinnert sich die eine oder der andere noch an die sogenannten O-Busse[107], die vielerorts wieder aus dem Straßenbild verschwunden sind. Man hätte dort bereits auf umfangreiche Erfahrungen zurückgreifen können, anstatt Geld in die Forschung zu stecken. Letztlich kann man diesen Ansatz auch als verzweifelten Versuch werten, den Umstieg auf den ineffizienteren Wasserstoff im Lkw-Verkehr mit allen Folgen für die Ökostromerzeugung zu vermeiden. Das Geld für die Oberleitungen kann man nun in die weitere Elektrifizierung von Bahnstrecken stecken, um dort schnell vom Dieselbetrieb wegzukommen[108]. Hier fällt nämlich das Problem von Batteriezügen[109] mit nur 100 km Reichweite im wahrsten Sinne des Wortes ins Gewicht.

Vielfach wird argumentiert, dass wir mit der flächendeckenden Einführung von Elektrofahrzeugen auf neue Materialengpässe für die Batterien stoßen werden und die Umwelt in den Herkunftsländern durch den Bergbau stark belastet würde. Was hier zunächst als wichtiger Schritt in die Energieunabhängigkeit erscheint, könnte für Deutschland schnell zu neuen Abhängigkeiten führen. In aller Munde sind dabei Lithium und Kobalt für Batterien[110]. Bei Lithium wäre es weltweit etwa das Vierfache, bei Kobalt das Doppelte der bisherigen Jahresproduktion. Die größten Lithium-

---

106 www.allianz-pro-schiene.de/glossar/oberleitungs-Lkw/

107 www.sobus.net/die-sws/

108 bmdv.bund.de/SharedDocs/DE/Artikel/E/schiene-aktuell/elektrobahn-klimaschonend-zukunft-bahn-elektrifizierungsprogramm.html

109 www.dbregio.de/innovationen/alternative-antriebe-kraftstoffe/bemu-batteriezuege

110 www.isi.fraunhofer.de/de/competence-center/nachhaltigkeit-infrastruktursysteme/projekte/rohstoffbedarf_zukunftstechnologien_iv.html

Reserven[111] haben Chile, Australien und Argentinien, gefolgt von unseren Auto-Wettbewerbsländern USA und China. Hinsichtlich der Abhängigkeit erscheint das zunächst als nicht so dramatisch. Auch mit den oft genannten Umweltschäden in der Atacama-Wüste in Chile scheint es nicht so weit her zu sein. Die Minen in Australien haben offenbar eine deutlich ungünstigere Ökobilanz[112]. Es gibt immer schlechtere Beispiele.
Wesentlich kritischer sind die Kobalt-Reserven[113], die sich fast zur Hälfte in der Demokratischen Republik Kongo befinden (Achtung: Es gibt auch die Republik Kongo.), gefolgt von Australien, Indonesien und Kuba. Zitieren wir mal das Auswärtige Amt[114] zum Thema der politischen Lage in der DR Kongo: „Die Bundesregierung unterstützt die Konsolidierung des demokratischen Prozesses und wirbt für nachhaltige politische und wirtschaftliche Reformen, um einer weiteren Destabilisierung des Landes und der Region entgegenzuwirken. Besondere Aufmerksamkeit liegt derzeit auf der Verbesserung der Sicherheits- und humanitären Lage, vor allem in Ostkongo." Da gehen bei den betroffenen Unternehmen sicher schon alle Warnleuchten an. Deutschland bemüht sich um die Verbesserung der Arbeitsbedingungen in den Minen, die zudem vor allem im Südkongo liegen[115], aber es bleibt ein ungutes Gefühl.

Die Fachleute wissen das natürlich schon länger, und Materialengpässe sind immer ein Ansporn für die Forschung gewesen, sich

[111] natural-resources.canada.ca/our-natural-resources/minerals-mining/minerals-metals-facts/lithium-facts/24009
[112] www.gtai.de/de/trade/chile/branchen/lithium-aus-chile-hat-den-kleineren-oekologischen-fussabdruck-830390
[113] natural-resources.canada.ca/our-natural-resources/minerals-mining/minerals-metals-facts/cobalt-facts/24981
[114] www.auswaertiges-amt.de/de/service/laender/kongodemokratischerepublik-node/bilateral/203192
[115] www.bgr.bund.de/DE/Themen/Zusammenarbeit/TechnZusammenarbeit/Projekte/Laufend/Afrika/3027_2020-2069-1_Kongo_NaWi.html

um Alternativen oder zumindest um eine Verminderung des Bedarfs zu bemühen. Es wird sich zeigen, ob hier möglicherweise noch Innovationen helfen werden, auf Lithium oder Kobalt zu verzichten, aber es wäre fahrlässig, sich schon heute darauf zu verlassen. Welche Alternativen gäbe es? Bisher wissen wir nicht, wie sich das Verhältnis von Batterie und Brennstoffzelle einpendeln wird, wie bereits dargestellt. Aber schon dadurch bieten sich weitere Möglichkeiten, die Nachfrage nicht auf einen Rohstoff zu konzentrieren, sondern auf verschiedene Elemente zu verteilen. Die Wiedergewinnung der Rohstoffe aus verbrauchten Batterien wird ohnehin die Nachfrage deutlich strecken. Wenn wir beispielsweise eine Recyclingquote von – sagen wir – 97 % erreichen könnten, hätten wir bei einer Betriebsdauer der Batterie von 10 Jahren nach 100 Jahren immer noch knapp drei Viertel des ursprünglichen Materials zur Verfügung. Man sollte also bei den Rohstoffen nicht zu schwarzsehen, aber nicht vergessen, dass wir weiterhin eine Menge Erz fördern müssen und dabei durchaus auch ganze Landstriche verwüsten oder zumindest verändern könnten und auch Menschen ausbeuten. Irgendwas ist ja immer, verzeihen Sie den Zynismus.

Kommen wir zum dritten Stolperstein, der Lade-Infrastruktur. Wie soll das denn gehen, in einem dicht besiedelten Stadtgebiet mit Mietwohnungen jedes Auto jeden Tag zu laden? Der wichtigste Punkt bei dieser Diskussion ist die Tatsache, dass nicht jeder täglich den „Tank“ leerfährt. „Gut 40 Prozent der Pkw werden an einem durchschnittlichen Tag nicht genutzt. Die mittlere Betriebszeit pro Pkw und Tag liegt bei ca. 45 Minuten, dies sind nur drei Prozent der Gesamtzeit eines Tages. Im Mittel werden knapp zwei Fahrten und 30 Kilometer pro Tag zurückgelegt.“[116] Wenn also ein

[116] bmdv.bund.de/SharedDocs/DE/Anlage/G/mid-ergebnisbericht.pdf?__blob=publicationFile

Elektroauto etwa 18 kWh pro 100 km benötigt[117], sind das pro Tag im Mittel 5,4 kWh oder die Ladung von einer halben Stunde an einer 11-kW-Ladesäule. Wer mehr braucht – üblicherweise Pendler – müsste dann für gut 200 km am Tag für 4 Stunden an diese Art von Ladesäule und kauft sich vielleicht ein Auto mit einer kleinen Brennstoffzelle. Grundsätzlich gibt es aber kein Problem, zwischen 22 und 6 Uhr bis zu 16 Pkw in einer Straße nacheinander mit 11 kW hinreichend zu laden. Sie müssen eben nicht alle gleichzeitig geladen werden. Man muss nur die entsprechende Dienstleistung an jedem Parkplatz mit einer Art Lade-Parkuhr anbieten und die Taktung per App organisieren. Diese Leistung kann man übrigens auch aus einer ganz gewöhnlichen, mit 16 Ampere abgesicherten Drehstromsteckdose (die rote) ziehen, sie ist also nichts Exotisches.

Wir können damit die Aufregung über fehlende Lade-Infrastruktur auf ein Normalmaß zurückschrauben. Die Energieversorger werden mit staatlicher Förderung ein wenig in Vorleistung gehen, und das Henne-Ei-Problem löst sich dann bis 2050 in Wohlgefallen auf, siehe auch die Geschichte der Tankstellen in Deutschland[118]. Wer tagsüber vom eigenen Dach oder bei seinem Arbeitgeber lädt, sieht die Angelegenheit sowieso etwas entspannter. Es bleibt das Thema der Urlaubsfahrten, mit denen zwar häufig argumentiert wird, die aber mit über 500 km am Tag doch eher die Ausnahme im Alltag bleiben dürften. Auch hier gilt: Wer das will, braucht unterwegs einen Schnelllader oder ein Brennstoffzellenfahrzeug, oder man leiht sich ein Urlaubsfahrzeug, zum Beispiel einen Intercity.

---

117 www.umweltbundesamt.de/sites/default/files/medien/479/publikationen/texte_160-2022_energieverbrauch_von_elektroautos.pdf
118 de.statista.com/statistik/daten/studie/2621/umfrage/anzahl-der-tankstellen-in-deutschland-zeitreihe/

Gehen wir noch den letzten Stolperstein an, nämlich die benötigte Energiemenge. Haben wir genug Strom? Nein, jetzt noch nicht, aber genau das ist der Punkt. Wir urteilen wieder aus der Sicht von heute über eine Welt von morgen. Die Sicherung der Strombedarfe für die Elektromobilität erweist sich als anspruchsvolle Aufgabe, das hat das vorangegangene Kapitel gezeigt. Die heute vielfach diskutierte Frage, ob denn nun Brennstoffzelle oder Batterie, kann man nur mit einem einfachen Ja beantworten, so wie wir die Frage nach Benzin oder Diesel beantwortet haben. Das wird vom Preis abhängen, Preis für das Fahrzeug, Strompreis, Wasserstoffpreis. Heute importieren wir Rohöl, morgen grüne Wasserstoffprodukte. Wie viel Mobilität ist nötig und wie viel können wir uns leisten? Nun, das werden wir sehen.

Wohnen

Wieso gibt es einen eigenen Buchabschnitt über das Wohnen? Die Antwort ist einfach: Beim Heizen und Autofahren ging es darum, wie man fast unverändert weitermachen kann. Jetzt geht es an die Strukturen unseres momentanen Zusammenlebens. Warum zieht man auf das Land, warum in die Stadt, und welche Rolle spielt dabei in Zukunft der Energiebedarf?

Die Stadt bietet zwar Arbeit, geistige Anregung und menschliche Vielfalt, sie ist aber gleichzeitig Brennpunkt für menschliche wie klimatische Krisen, und es besteht die Gefahr, dass sich diese Krisen verschärfen. Besonders junge Familien bleiben angesichts hoher Wohnungspreise gefangen zwischen dem Wunsch nach mehr Freiraum, den Kosten für ein Eigenheim und den Notwendigkeiten von Arbeit, Kindergarten und Schule. Sie ziehen in die immer weiter ausgedehnten Speckgürtel der Großstädte (Suburbanisierung)[119] und schaffen damit eine dritte Wohnstruktur. Die

[119] www.bib.bund.de/DE/Presse/Mitteilungen/2022/2022-12-05-Wanderungsverluste-der-Staedte-erreichen-das-hohe-Niveau-der-1990er-Jahre.html

Corona-Pandemie hat gezeigt, was eine hohe Bevölkerungsdichte für jeden Einzelnen in der Stadt bedeuten kann.

Auf dem Lande dagegen sind zwar Licht und Luft und das Wohnen bleibt bezahlbar, es fehlen aber vielfach Kulturangebote und hinreichend Menschen für einen engeren Freundeskreis. Stellenweise mangelt es an medizinischen Einrichtungen und anderer Infrastruktur. „Man kommt nicht weg", sprich: Der Nahverkehr erfüllt nicht die Bedürfnisse der Menschen. Das Auto bleibt das Verkehrsmittel der Wahl, zumal zum Arbeitsplatz, zur Schule und zum Sportverein gependelt wird. „An Werktagen entfallen etwa zwei Drittel der Gesamtverkehrsleistung von Erwerbstätigen auf die berufsbedingte Mobilität. Davon geht die eine Hälfte auf die Wege zwischen Arbeitsplatz und zu Hause zurück, die andere Hälfte auf Wege und Reisen zur Ausübung des Berufs."[120] Angesichts dieser Verhaltensmuster spielen natürlich die Kosten für die individuelle Mobilität eine große Rolle. Die Pendlerpauschale von morgen ist wie der Brotpreis von gestern.

Was hilft gegen das Pendeln? Die Geschichte kennt viele Antworten. Hilfskräfte in der Landwirtschaft lebten um 1900 natürlich mit auf dem Hof, bei Kost und Logis. Es gab das Bahnwärterhäuschen, die Werkswohnungen neben der Fabrik oder das Gemeindehaus für den Pfarrer. Im Mittelalter wurde in den Städten im Erdgeschoss verkauft und gearbeitet und im ersten Stock gewohnt. Krach und Dreck machte man ja selbst, und insofern fühlte sich höchstens der Nachbar gestört. Hotelbedienstete lebten unter dem Dach oder im Tiefparterre des Gebäudes. Es war eine Welt ohne Autos mit dem Krämerladen, dem Bäcker, dem Milchmann und dem Eisenwarenladen um die Ecke und dem Markt mitten in der dicht bewohnten Stadt. Die Landbevölkerung versorgte sich selbst oder fuhr mit Pferd und Wagen einmal wöchentlich mit dem

---

120 bmdv.bund.de/SharedDocs/DE/Anlage/G/mid-ergebnisbericht.pdf?__blob=publicationFile

Bauern zum Markt und einmal im Jahr zum Jahrmarkt, um sich mit Kleidung zu versorgen oder sich zu vergnügen. Wirt, Schulmeister, Pfarrer, Arzt und Apotheker gab es praktisch in jedem Ort. Bauhandwerker zogen von Baustelle zu Baustelle und wohnten auch dort. Es gibt also kein Naturgesetz, dass man zur Arbeit, zur Schule oder zum Einkaufen nur mit dem Auto oder bestenfalls mit dem Fahrrad kommt, und riesige Shopping-Center auf der grünen Wiese oder Designer-Outlets sind wahrlich keine Erfindung unseres relativ dicht besiedelten Landes.

Einige Dinge erleben gegenwärtig eine Wiedergeburt, wie beispielsweise die Lieferdienste der Supermärkte, die doch sehr an den Krämerwagen auf dem Lande erinnern und heute wieder einen wertvollen Service für junge Familien oder ältere Menschen anbieten. Es ist aber ja nicht so, dass der Online-Handel eine extrem neue Idee wäre, wenn auch das Bestellen bei einem auswärtigen Kaufhaus heute viel komfortabler geworden ist als zu Zeiten des klassischen Versandhandels mit Katalogen und Bestellformularen. Aber schon damals lieferte die Post das dicke Paket bis zur Haustür. Wer also sein Auto nicht bewegen will oder kann, muss es auch nicht.

Was ist mit Telearbeit – nur ein schöner alter Begriff? Das Home-Office hat bekanntlich zu Zeiten der Pandemie einen enormen Aufschwung erlebt, und vieles konnte sich etablieren. So arbeiten gegenwärtig noch fast ein Viertel aller Beschäftigten zumindest zeitweise von zu Hause aus, was gegenüber der Vor-Corona-Zeit fast eine Verdopplung darstellt[121]. Aber das klappt nicht überall. Wer als Dachdeckerin Pfannen auf ein Dach legen oder als Kindergärtner Kleinkindern in der KiTa den Mund abwischen muss, kann das schwerlich per Mausklick erledigen. Da bleibt der Bau- oder Pflegeroboter trotz futuristischer Möglichkeiten noch

---

121 www.destatis.de/DE/Presse/Pressemitteilungen/Zahl-der-Woche/2023/PD23_28_p002.html

frommes Wunschdenken. Man kann also davon ausgehen, dass die berufsbedingte Mobilität nicht ganz aus der Welt zu schaffen sein wird. Zudem kommt das Internet nicht ganz ohne Energie aus, aber das erscheint eher als bescheiden. Eine Stunde Videokonferenz benötigt immerhin etwa so viel Energie wie 3 km Autofahrt mit einem Verbrenner[122]. Wenn wir uns also in Zukunft mit Elektroautos bewegen, könnte auf den ersten Blick das Home-Office energetisch als schlechtere Lösung dastehen. Dabei vergessen wir nur, dass wir auch im Büro womöglich an einer Videokonferenz teilnehmen, sodass die Transportenergie noch dazukommt. Es gilt daher wie immer die Regel, dass wer definitiv nichts macht, am wenigsten Energie verbraucht. Also sollten wir möglichst nicht pendeln und unsere Notwendigkeiten zum Transport bündeln, ob es nun um unseren eigenen Körper oder um Waren geht.

Daher steigen wir alle auf öffentliche Verkehrsmittel und auf Lieferdienste oder fußläufigen Einkauf um. Das ist leichter gesagt als getan. Fangen wir mal mit den ländlichen Regionen an. Es gibt immer wieder Anläufe, den Busverkehr in Dörfern und kleinen Gemeinden attraktiver zu gestalten, aber es bleibt leider meist bei einem „Notprogramm" für Menschen, die bei längeren Strecken sonst keine Alternative haben: Kinder und Jugendliche sowie Leute ohne Auto oder Führerschein oder mit Einschränkungen durch Alter, Behinderung oder Krankheit. Mehr ist nicht wirtschaftlich, es sei denn, die Gemeinschaft beschließt, sich auch finanziell am sogenannten Öffentlichen Personennahverkehr (ÖPNV) zu beteiligen. Wer Steuern zahlt, fragt sich dann allerdings irgendwann: „Müssen wir eigentlich jede Milchkanne erschließen, wäre ein Umzug in eine Stadt nicht sinnvoller und zumutbar?" Müssen in der Tat überall die Lebensbedingungen gleichwertig sein und was heißt das?

---

[122] de.statista.com/infografik/26873/co2-vergleich-dsl-und-glasfasernetz/

Die Bevölkerung in Deutschland verteilt sich etwas anders, als man es vielleicht vermutet[123]. Legt man die Einteilung des Bundesamts für Bauwesen und Raumordnung zugrunde[124], so leben lediglich knapp 14 % der Deutschen in Gemeinden mit weniger als 5.000 Einwohnern, was man als ländlich bezeichnen würde. Mehr als die Hälfte wohnt in der bunten Vielfalt der deutschen Mittelstädte zwischen 5.000 und weniger als 100.000 Einwohnern und nur ein knappes Drittel in Großstädten mit mehr als 100.000 Einwohnern. In den wirklich als Großstädte empfundenen Metropolen wie beispielsweise Hamburg, Berlin, Köln, Frankfurt oder München wohnen mit 17 % kaum mehr Menschen als auf dem Land. Da aber praktisch alle Fernsehfilme in Großstädten gedreht werden und das Land allenfalls als heile, aber rückständige Welt vorkommt, und da praktisch alle wichtigen Zeitungen und Zeitschriften und selbst lokale Nachrichten in Großstädten gemacht werden, gibt es in der öffentlichen Wahrnehmung möglicherweise eine Schieflage, die auch die Diskussion um den Nahverkehr verzerrt. Nein, es ist nicht alles städtisch oder ländlich. Das eigentliche Problem liegt in den Mittelstädten zwischen 20.000 und 50.000 Einwohnern, die zu viel zum Sterben, aber zu wenig zum Leben des ÖPNV haben, und denen meist nur der Busverkehr als halbwegs bezahlbare Lösung übrigbleibt. Damit sind wir dann leider weit weg von einem energieeffizienten Transport, denn weniger Menschen pro Fläche bedeutet außerdem weite Busstrecken, die sich nach dem heutigen Stand der Technik nur mit Wasserstoff und damit zu höheren Kosten als bei Batteriebetrieb bewältigen lassen. Höhere Kosten bedeuten dann in der Regel höhere Ticketpreise und damit geringere

---

123 de.statista.com/statistik/daten/studie/161809/umfrage/anteil-der-einwohner-an-der-bevoelkerung-in-deutschland-nach-gemeindegroessenklassen/

124 www.bbsr.bund.de/BBSR/DE/forschung/raumbeobachtung/Raumabgrenzungen/deutschland/gemeinden/StadtGemeindetyp/StadtGemeindetyp.html

Attraktivität. Mit anderen Worten: Auch Mittelstädte müssten allein schon aus Mobilitätsgründen ihre Siedlungsstruktur verdichten, also höher bauen und Baulücken schließen. Man könnte mit einem Augenzwinkern 10.000 Einwohner durchaus in einem Hochhaus unterbringen. Das One World Trade Center in New York City[125] würde immerhin knapp 33 Quadratmeter Wohnfläche pro Bewohner einer solchen senkrechten Kleinstadt bieten, und die Aussicht über die dann ausgedehnten Grünflächen wäre sicher grandios.

Sind die Großstädte beim Nahverkehr besser dran? Ein Blick in die Bilanzen der Verkehrsgesellschaften von Hamburg über Berlin bis München belegt hohe zweistellige Millionensummen als Fehlbeträge. Auch hier gilt also: Die Gemeinschaft hat beschlossen, sich finanziell am ÖPNV zu beteiligen. Das wird nicht immer so laut gesagt, führt vielleicht mal zu einem kurzen Aufreger in den städtischen Gremien und der Lokalpresse, aber das Leben in den Großstädten würde schlicht zusammenbrechen, wenn es dieses Verkehrskonzept nicht gäbe. Die Situation in vielen US-amerikanischen Großstädten zeigt, was geschieht, wenn so ein Zusatzbedarf aus marktwirtschaftlichen Überlegungen und auch Firmeninteressen heraus nicht gedeckt wird[126]. Der Großraum Los Angeles hat mit etwa 10 Millionen Einwohnern etwa das Dreifache von Berlin, verzeichnet aber fast die siebenfache Straßenlänge[127]. Berlin verfügt über acht U-Bahn-Linien mit insgesamt 400 km Länge, Los Angeles über zwei U-Bahn-Linien mit insgesamt 71 km Länge. Angesichts der Tatsache, dass selbst das Straßenbahnnetz in Berlin deutlich länger als das in Los Angeles ist, kann man bereits

---

[125] www.usatipps.de/bundesstaaten/mittelatlantik/new-york/new-york-city/one-world-trade-center/

[126] Yago, G: The Decline of Transit: Urban Transportation in German and U.S. Cities, 1900-1970, Cambridge University Press; Reissue Edition (21. August 2008)

[127] citytransit.uitp.org/los-angeles/length-of-road-in-the-area

erkennen: Für eine weitere Elektrifizierung des Stadtverkehrs hat man es mit ungleichen Partnern zu tun. Man könnte Los Angeles allenfalls zugutehalten, dass die Stadt in einem Erdbebengebiet liegt. Ansonsten legt die fehlgeleitete Siedlungsstruktur auf Jahrzehnte fest, dass es einen höheren Energiebedarf für den innerstädtischen Transport geradezu geben muss.

Bevor wir zu einer energetischen Bewertung der Wohnformen kommen können, müssen wir uns noch einem anderen energetischen Thema des Wohnens zuwenden, nämlich der Energiebilanz der Gebäude. Wir haben uns beim Heizen schon ein wenig mit der technischen Innenausstattung unserer Wohnungen befasst, aber auch die Architektur trägt zum Gesamtbild bei. Rechnerisch hatte eine Person in Deutschland Ende 2021 im Schnitt 47,7 Quadratmeter Wohnfläche zur Verfügung. Im Jahr 1991 wohnten die Menschen noch im Schnitt auf 34,9 Quadratmetern Wohnfläche pro Kopf[128]. Daraus wird gelegentlich geschlossen, dass wir verschwenderisch mit Wohnraum umgingen. Zitieren wir mal das Umweltbundesamt. „Jeder bewohnte Quadratmeter Fläche in Gebäuden führt zu höherem Energieverbrauch, denn die Fläche wird beleuchtet, beheizt, mit Bodenbelag versehen und möbliert, muss gereinigt und instandgehalten werden. Dies führt zu erhöhtem Energie- und Ressourcenverbrauch und ggf. Schadstoffemissionen. Haushalte und ihre Mitglieder belegen nicht nur Wohnfläche innerhalb von Gebäuden, sondern ihnen ist allein oder anteilig auch die Grundstücksfläche, auf der das Wohngebäude steht, zuzurechnen. Hinzu kommt weitere Bodenfläche außerhalb des Wohngrundstücks, zum Beispiel die Fläche für Erschließungsstraßen oder andere Infrastrukturen, wie Abwasserbeseitigungsanlagen oder Spiel-, Sport- und Grünflächen, die dem Wohnen dienen.“ Mit Verlaub, das ist nicht ganz zu Ende gedacht. Zunächst

---

[128] de.statista.com/statistik/daten/studie/36495/umfrage/wohnflaeche-je-einwohner-in-deutschland-von-1989-bis-2004/

einmal wird durch die Steigerung der Wohnfläche die Anzahl der Autos nicht ansteigen, ebenso wenig die Abwassermenge und die Anzahl der Menschen, die Grünflächen nutzen. Nicht einmal die Grundfläche der Gebäude muss größer sein, wenn ich einfach ein Stockwerk höher baue. Habe ich im Laufe der Zeit mehr Möbel, nur weil ich eine größere Fläche bewohne? Das hängt wohl auch vom Konsumverhalten ab, genau wie beim Thema Bodenbeläge. Eine 82-Quadratmeter-Wohnung in einem Altbau mit einer Deckenhöhe von 3,50 m benötigt weniger Energie als eine 92-Quadratmeter-Wohnung in einem Neubau mit einer Deckenhöhe von 2,50 m? Es kommt darauf an, nämlich auf Heizung, Dämmung, Fensterflächen und Lage der Wohnung im Haus. Bei ordentlicher Ausstattung ist der Anteil des Energiebedarfs der Beleuchtung im Bereich unter 10 %, und man muss ja nicht überall das Licht brennen lassen, wie Oma und Opa schon wussten. Zugegeben, Wohnraum in den Städten ist knapp, aber das erweist sich hier als ein völlig sachfremdes Argument.

Im gleichen Zusammenhang benennt das UBA auch ein Generationenthema: „Ältere Haushalte belegen viel Wohnraum. … Der Grund dafür ist, dass Eltern nach Auszug der Kinder oft in der großen Familienwohnung bleiben. Vor allem Wohnungseigentümer sind wenig geneigt, nach der Familienphase in eine kleinere Wohnung zu ziehen. Laut Mikrozensus 2010 lebten in der Gruppe der über 65-Jährigen 56 % im Wohneigentum. Zudem ist der Anteil älterer Haushalte, die im Eigentum wohnen, in den letzten Jahren stetig gestiegen, laut einer Studie des Instituts der deutschen Wirtschaft seit 2010 um ca. 5 %." Wer eine eigene Familie mit Kindern hat, wird nun zusammenzucken. Die Kinder sind aus dem Haus, aber die Wohnung bleibt eine Zeitlang ein Stück Heimat für sie, das Bett, das Jugendzimmer, die Poster. Die Enkelkinder kommen zum Übernachten, lange vernachlässigte Verwandte und Freunde reisen an. Auch das soziale Umfeld der Übriggebliebenen in „älteren Haushalten" bleibt Heimat mit Nachbarn, Straße oder

Stammkneipe, das, was das Leben ausmacht. Es muss schon mit viel Glück zugehen, wenn ein älteres Paar in der unmittelbaren Nähe eine kleinere, passende Wohnung findet, vielleicht mal durch Tausch mit einer wachsenden jungen Familie. Aber ansonsten erscheint der erhobene Zeigefinger als nicht angebracht, ja geradezu lebensfern. Vom Energiestandpunkt aus gesehen sagen die Zahlen zudem wenig. Sie lenken eigentlich nur davon ab, dass die Kernprobleme die energetische Sanierung und die Art der Beheizung sind.

Die Natur gibt uns vor, dass größere Wohneinheiten bei entsprechender Gestaltung insgesamt weniger Energie benötigen; wir kennen das Argument schon von den größeren Wärmespeichern. Wenn die Mietwohnung in einer Reihe Haus an Haus und in einer mittleren Etage gelegen ist, gibt es praktisch nur vorne und hinten zwei Außenwände mit Fenstern. Alle anderen Flächen – auch oben und unten – grenzen an Wohnungen an, die im Winter auf vergleichbarer Temperatur gehalten werden, sodass hier kaum Wärmeaustausch stattfindet. Selbst, wenn ein geiziger Nachbar es in seiner Wohnung ein paar Grad kälter hätte, wären Ihre Verluste im niedrigen Prozentbereich. Insofern erweisen sich dicht gepackte Wohneinheiten mit möglichst würfelförmigem Aussehen – so breit wie lang und hoch – als die physikalisch günstigste Lösung. Beleuchtungstechnisch hat man dann aber bei größeren Einheiten das Problem der Innenräume. Klassische Hochhäuser werden mit zunehmender Etagenzahl von der Gebäudehülle her nicht sparsamer, denn jede „Scheibe“ kann als eigene Einheit mit ihren Außenwänden gesehen werden, während Boden und Decke wenig beitragen. Im Grunde steigt also der Energiebedarf mit jeder Etage gleichmäßig an und man kann einfach den Bedarf einer Etage mit der Anzahl der Etagen multiplizieren, um auf den Gesamtbedarf zu kommen. Allerdings zeigt sich bei freistehenden Türmen noch ein weiteres Thema: Sonne und Wind haben freie Bahn, es gibt keinen Schatten und auch keinen Windschatten, also wird es im Sommer eher wärmer und im Winter eher kälter, von Starkwetterereignissen mal ganz abgesehen. Hochhäuser an sich sind folglich energetisch wenig attraktiv.

Stichwort Temperaturmanagement: Wie sieht es mit der zunehmenden Aufheizung unserer Ballungsräume aus? Schaut man in die Altstädte im Süden, wo die Menschen lange Erfahrung mit starker Sonneneinstrahlung haben, kann man zunächst auf die Idee kommen, die Häuser wie dort in den Gassen sehr eng aneinander zu rücken. Allerdings käme dann in der Tat wirklich jeder mit dem Auto schlecht durch. Im Winter wäre es außerdem noch dunkler, als es hier weiter im Norden ohnehin schon ist, was wiederum die künstliche Beleuchtung notwendig machte. Städteplaner setzen deshalb in unseren Breiten eher auf Begrünung von Dachflächen und Verkehrswegen und auf bewegtes Wasser in der Stadt, was man allerdings ebenfalls beides aus den südlichen Ländern kennt. Vielfach wird auch schon die sogenannte „Schwammstadt“ geplant[129], die bei Starkregen Wasser speichert, um es später zu nutzen und Überschwemmungen zu vermeiden. Aber Achtung, das Wasser sollte so versickern, dass sich keine oberflächlichen stehenden Gewässer bilden, denn sonst haben wir einen Mückensumpf, der uns womöglich sogar die Malaria bringt wie die Pontinischen Sümpfe einst den Römern. Merke: Natur ist mehr als grün.

Als weiterer Ansatz zur Verbesserung des Stadtklimas wird häufig die Durchlüftung mit Windschneisen genannt, wobei man einen geeigneten Kompromiss zwischen der Breite der Schneise, der dann der Sonne ausgesetzten Fläche, der Begrünung durch hohe Bäume und deren erhöhtem Luftwiderstand finden muss. Alle diese Ansätze sind sicher wichtig und interessant, um im Einzelfall das Leben in der Stadt zu erleichtern, wenn die Klimakrise sich ausweiten sollte. Aber niemand wird bei bestehenden Straßen

---

[129] www.gruen-in-die-stadt.de/schwammstadt/

und bestehenden Quartieren oder Gebäudekomplexen mit dem Kahlschlag beginnen, um die Stadt klimakrisenfester zu machen.

Zwischenfazit: Eine mittelhohe und dichte Bebauung erweist sich bei entsprechendem Sanierungsstand als zukunftsweisende Vision einer Stadt. Sie stellt aus verkehrs- und gebäudetechnischer Sicht die beste Option beim Thema Energieverbrauch dar und erlaubt die wirtschaftliche Nutzung der Infrastruktur vom Nahverkehr über Wärmenetze bis zum Kindergarten, den Einkaufsmöglichkeiten oder der gezielten Anbindung an Gewerbe- und Freizeitgebiete. Positive Effekte für den Wohnwert solcher Quartiere könnte man noch dadurch erzielen, dass man den verbleibenden Autoverkehr – auch den ruhenden – an den Rand der Viertel oder unter die Erde verbannt und so auf breite Verkehrsflächen verzichten kann. Das hätte zusätzliche Vorteile hinsichtlich der Luftqualität – Stichwort Feinstaub – und auch des Temperaturmanagements in den Städten.

Was ist mit dem Landleben? Der Bauer mit ein paar Kühen, Schweinen, Schafen, Hühnern, Hund und Katze scheint zunehmend einem Kinderbuch entsprungen zu sein, es sei denn, er lebt vom Tourismus. Heute reden wir über landwirtschaftliche Großbetriebe, die sich mit schwerem Gerät, Automatisierung, ökologischem Landbau und EU-Förderung auskennen und hierauf ihr Geschäftsmodell aufbauen. „Die Zahl der landwirtschaftlichen Betriebe in Deutschland ist seit der vorangegangenen Landwirtschaftszählung 2010 um 12 % auf 263.500 Betriebe gesunken. Die landwirtschaftlich genutzte Fläche blieb mit 16,6 Millionen Hektar nahezu konstant (- 1 %). Die durchschnittliche Größe der Betriebe lag 2020 damit bei 63 Hektar landwirtschaftlich genutzter Fläche je Betrieb, das waren 13 % mehr als vor zehn Jahren, als ein Betrieb durchschnittlich 56 Hektar bewirtschaftete.“ Das vermeldete das

Statistische Bundesamt 2021[130], und weiter: „…hat sich die Zahl der Arbeitskräfte je 100 Hektar landwirtschaftlich genutzter Fläche von 6,6 Arbeitskräften im Jahr 2010 auf 5,6 Arbeitskräfte in 2020 verringert. Diese Entwicklung ist insbesondere auf die wachsenden Betriebsgrößen und die weiter voranschreitende Technisierung und Digitalisierung in der Landwirtschaft zurückzuführen. Annähernd die Hälfte der Arbeitskräfte in der Landwirtschaft, nämlich 434.400 Personen, waren Familienarbeitskräfte in Einzelunternehmen. Weiterhin arbeiteten 228.900 ständig angestellte Arbeitskräfte und 274.700 Saisonarbeitskräfte in den landwirtschaftlichen Betrieben." Arbeiteten um 1800 noch etwa 62 % der Deutschen in der Landwirtschaft, waren es 1914 nur noch 28 % [131]. Mit absoluten Zahlen müsste man hier vorsichtig sein, weil die Bevölkerungszahl in dieser Zeit deutlich angestiegen ist und auch die Staatsgrenzen unterschiedlich waren. Dennoch erkennt man den deutlichen Strukturwandel. Man kommt der Frage, ob ein Dorf als Siedlungsform heute angesichts dieser Zahlen noch sinnvoll ist, dadurch etwas näher, dass man die Dorfentstehung betrachtet.

Die Brüder Grimm haben in ihrem Wörterbuch von 1860 zum Wort Dorf notiert[132]: "ursprünglich [...] wol so viel als zusammenkunft geringer leute auf freiem feld, dann aber eine niederlassung derselben an einem solchen ort, um ackerbau zu treiben". Es würde also heute vollkommen ausreichen, wenn die großen landwirtschaftlichen Betriebe gezielt verkehrstechnisch angebunden würden, um die Vernetzung der Familienmitglieder mit der übrigen Gesellschaft und das Pendeln der Angestellten sicherzustellen. Sagen Sie das mal bei einer Dorfversammlung, man wird Sie mit

---

130 www.destatis.de/DE/Presse/Pressemitteilungen/2021/01/PD21_028_412.html

131 de.statista.com/statistik/daten/studie/1048246/umfrage/anteil-der-erwerbstaetigen-nach-wirtschaftssektoren-im-deutschen-reich/

132 www.bpb.de/shop/zeitschriften/izpb/laendliche-raeume-343/312690/doerfer-und-kleinstaedte-im-wandel/

Eiern und Kohl bewerfen. Es geht um die Art von Sicherheit, die Heimat und reale soziale Netzwerke der Kindheit offenbar geben. Aber letztlich ist es nur eine Frage der Zeit.

Wagen wir abschließend eine Prognose für die Wohnformen der Zukunft, wenn wir wirklich mit deutlich weniger Energie für unsere Behausungen auskommen müssen. Innerhalb der Städte rückt die Bebauung näher zusammen, der Kernbereich wird verdichtet und Einkaufszonen durch eine Wiederbewohnung belebt. Die innerörtlichen Verkehrsverbindungen, sofern sie in den Großstädten nicht unterirdisch oder mit Straßenbahnen rentabler sind, beruhen auf elektrisch angetriebenen Bussen und erschließen zudem systematisch Gewerbe- und Industriegebiete sowie Naherholungsbereiche. Gleichzeitig werden Fahrradwege ausgebaut und Quartiere im Inneren verkehrsberuhigt. Eine weniger dichte Besiedlung der Randbereiche – die Suburbanisierung – lässt sich politisch meist nicht verhindern, weil sie die Flächen der Umlandgemeinden betrifft und der Wunsch nach einem Eigenheim und der frischen Landluft anhält. Wer ins Umland ziehen möchte, muss aber hinsichtlich seiner Immobilie und seiner Mobilität tiefer in die Tasche greifen und sich gefallen lassen, dass die energetische Sanierung, die Photovoltaik auf dem Dach, die Wärmepumpe und die Solarbatterie zur Pflicht werden, womöglich auch das Elektroauto über Zugangsbeschränkungen zu bestimmten Stadtbereichen, wie jetzt schon in den Umweltzonen. Umlandsiedlungen werden nur punktuell an das Verkehrssystem der Kerngemeinde angebunden, wahrscheinlich per Schiene.

Die Landbevölkerung wird sich weiter verringern und sich womöglich zunächst in die Kleinstädte zurückziehen, denen dann eine zentralere Funktion zukommt. Benachbarte kleinere Städte wachsen zusammen, indem die Siedlungsbereiche zwischen ihnen planmäßig aufgefüllt werden. Die Bedeutung des Schienenverkehrs bei der Vernetzung und Versorgung von Städten nimmt zu, wobei durch die Konzentration der Siedlungsgebiete weniger

Haltepunkte erforderlich sind und ansonsten weitgehend menschenleere Flächen von Land-, Energie- und Forstwirtschaft sowie Naturschutz mit höherer Geschwindigkeit durchquert werden können. Die neuen Strukturen erlauben dann auch eine viel stärkere Nutzung für das Aufstellen von Windenergieanlagen. Die Tabuflächen dicht bei Siedlungen reduzieren sich deutlich, wovon auch der Naturschutz profitiert, weil der Druck auf unbebaute Flächen abnimmt.

Essen

Die Forderungen der Klimaschützer nach einer anderen Ernährung mit einem kleineren ökologischen Fußabdruck haben gelegentlich etwas Missionarisches an sich. Wir sollen uns möglichst rasch und radikal auf neue Essgewohnheiten einstellen, wenig Fleisch, viel Gemüse, alles aus biologischem Anbau und möglichst ohne Abfall. Daran ist mit Blick auf den Energie- und Wasserbedarf bei der „Herstellung" dieser Nahrungsmittel eigentlich alles richtig. Es gibt aber zwei Aspekte, die so ein Ansinnen zu einem langfristigen Vorhaben, geradezu einem geschichtlichen Prozess machen. Zum einen geht es um die flächendeckende Verfügbarkeit der Produkte, zum anderen um unsere Prägung in jungen Jahren.

Natürlich kann man von heute auf morgen für sich selbst beschließen, sich vegan zu ernähren, und dies auch gegen den Druck aus der Verwandtschaft und dem Freundeskreis durchhalten. Das werden aber die wenigsten Menschen spontan tun. Wir alle haben von Kindheit an Ernährungsgewohnheiten erlernt und unser Geschmacksempfinden daran ausgerichtet. Das betrifft die Auswahl von Fleisch, Fisch und Meeresfrüchten, aber auch Beilagen und Gewürze. Schon der Begriff „Beilagen" stellt eine Wertung dar, denn was für uns nur dazu gehört, ist für andere Menschen auf der Welt das Hauptgericht. Stellen Sie sich außerdem mal unsere Ernährung ohne Kartoffeln, Tomaten, Paprika bzw. Chili, Kürbis bzw. Zucchini und ohne Kaffee und Kakao vor. Dann leben Sie, was das Essen und Trinken angeht, in einem Europa vor Kolumbus, denn alle diese Nahrungsmittel kamen aus der Neuen Welt. Yams, Maniok und Kochbananen finden praktisch nur in Afrika Verwendung, Insekten als Spezialität und wertvolle Eiweißquelle vor allem in Asien und Mexiko. Unsere Großeltern haben anders gekocht und gegessen als wir. Alles vom Schlachttier wurde verwertet, Fleisch gab es sonntags, Obst und Gemüse mussten nicht wie im Prospekt aussehen, und man kannte keine Tiefkühlung. Die Pizzeria oder der Sushi-Laden waren auch nicht mal eben um die Ecke. Was ist der Punkt? Auch wenn wir es vielleicht für uns selbst nicht so recht vorstellen wollen: In 30 Jahren könnten die Generationen nach uns sich vollkommen anders ernähren, als wir das jetzt tun. Wenn das so ist, könnte man durchaus auch im fortgeschrittenen Alter noch damit anfangen. Die Edelfresswelle der Nachkriegszeit haben wir bereits 1970 hinter uns gelassen, die Schweinshaxe Hawaii grüßt aus der Ferne.

Es finden sich in der Fachliteratur diverse Untersuchungen zum ökologischen Fußabdruck verschiedener Nahrungsmittel (zum Beispiel bei[133]), sodass wir dieses Thema hier nicht auswalzen müssen. Das gibt schon mal erste Hinweise. Man kann aber noch einen zweiten, einfachen Ansatz finden, um ohne ernsthaften Verzicht weniger Klimagase zu produzieren, und das geht wie folgt: Vermutlich bekommen Sie jede Woche Werbeprospekte von Supermärkten in Ihrem Ort oder Sie finden die entsprechenden Anzeigen in Ihrer Tageszeitung. Gehen Sie mal Artikel für Artikel durch und kreuzen Sie an, welches Produkt Sie gerne kaufen würden. Wahrscheinlich bleibt von den Angeboten nur ein kleiner Teil übrig. Dann kommt die zweite Stufe: Fragen Sie sich, warum Sie dieses Produkt kaufen wollen. Geht es um echten Bedarf oder auch

---

[133] www.ifeu.de/fileadmin/uploads/Reinhardt-Gaertner-Wagner-2020-Oekologische-Fußabdruecke-von-Lebensmitteln-und-Gerichten-in-Deutschland-ifeu-2020.pdf

nur um Genuss (was durchaus in Ordnung wäre)? Oder hat Sie lediglich die Werbung oder der Wettbewerb mit Bekannten dazu angeregt, sich mit dem Kauf zu befassen? Wenn man solche Prospekte oder Annoncen kritisch durchgeht, stellt man sehr schnell fest, dass der Großteil der Artikel entweder dick macht oder ansonsten der Gesundheit nicht zuträglich ist. Das schließt die geistige Gesundheit ein. Essen hält zwar Leib und Seele zusammen, aber nur so lange, bis der Leib selbst auseinander geht.

Als weiteren einfachen Ansatz fragen Sie sich beim Einkaufen, ob es wirklich vier Birnen, das Eimerchen Tomaten oder die ganze Plastikschale voll Möhren sein muss und wie viel davon möglicherweise Ihre Biotonne füllen wird. Warum sollte man mehr Kalorien einkaufen, als man verwerten kann? Ein bisschen Vorrat schadet nicht. Aber meistens sind die Regale in den Läden ja doch voll, außer vielleicht bei Hefe und Toilettenpapier. Beide Verhaltensweisen – Unnötiges weglassen und nicht mehr kaufen als man verbraucht – kosten praktisch keine Mühe, helfen der Umwelt auch schon und Sie könnten weiter so essen wie bisher, wenn Sie wollen. Was ist mit Bio? Für die einen ist das ein Luxus für Reiche, für die anderen die einzige mögliche Zukunft der Agrarwirtschaft. Es bleibt die Hoffnung, dass sich nicht beides als richtig erweist. Dann hätten wir ein echtes Problem.

Zwischen dem Thema Ernährung und Energie gibt es auch jenseits der Tatsache, dass die Kilokalorie und die Kilowattstunde Einheiten für die gleiche physikalische Größe sind, einige Berührungspunkte, die im Zusammenhang mit der Energiewende an Bedeutung gewinnen. Das sind die Flächennutzungskonkurrenz, der Energie- und Rohstoffbedarf für Düngemittel und die Verwendung von Abwärme für die Nahrungsmittelproduktion. Die Flächennutzungskonkurrenz wird gemeinhin unter dem Stichwort „Tank oder Teller“ diskutiert, was bedeutet, dass man die gleiche landwirtschaftliche Fläche entweder zum Wachstum von Nahrungsmitteln oder zum Wachstum von Energiepflanzen nutzen kann. Biomasse aus nachwachsenden Rohstoffen soll in Zukunft vielfach feste oder gasförmige fossile Rohstoffe ersetzen, wo den Leuten noch nicht Besseres eingefallen ist. In Deutschland steht zu Recht der Energiemais in der Kritik[134], der vor allem in Biogasanlagen Verwendung findet. Um es nämlich hier nochmal deutlich zu sagen: Der Flächenertrag an Methan, also dem technischen Pendant zum Biogas, wäre viel mehr als das Zehnfache, wenn man auf der gleichen Fläche, statt Mais anzubauen Photovoltaikanlagen aufstellen, mit dem Strom Wasserstoff erzeugen und daraus wiederum Methan synthetisieren würde. Zudem bräuchte dazu sehr wenig Wasser, keine Pflanzenschutzmittel, kaum Pflege und keine Düngemittel. Entweder man nutzt die beschatteten Flächen für Wildpflanzen, oder man baut dort Nahrungsmittel an, zum Beispiel Kartoffeln. Auch können dort Schafe weiden. Man nennt diese Methode dann Agri-Photovoltaik. Noch günstiger ist der Anbau von Nahrungsmitteln unter Windenergieanlagen, denn der Schattenwurf und der Bedarf an nicht mehr landwirtschaftlich nutzbarem Boden – Zuwegungen und Grundflächen der Anlagen – sind vergleichsweise gering. Man kann also die Fläche praktisch doppelt nutzen. Tank oder Teller erweisen sich nur dann als Konkurrenten, wenn man auf Energiepflanzen setzt.

Bezüglich des Energie- und Rohstoffbedarfs für Dünger muss man wissen, dass wir im Grunde einen großen Teil unserer Nahrung der Verfügbarkeit von Erdgas (Methan) verdanken, womit wir wieder massiv von Importen abhängig sind. Zudem gehört der Herstellungsprozess für Ammoniak als Ausgangsstoff für unseren Stickstoffdünger gegenwärtig zu den nennenswerten CO_2-Emittenten[135]. Ammoniak besteht aus einem Atom Stickstoff (N) aus

---

[134] www.nabu.de/imperia/md/content/nabude/landwirtschaft/biomasse/bbb_3.1_web_lowres.pdf

[135] www.pflanzenforschung.de/de/pflanzenwissen/journal/reduktion-tut-not

der Luft und drei Atomen Wasserstoff (NH_3). Der Wasserstoff wird heute noch vorwiegend durch das Aufspalten von Erdgas (CH_4) gewonnen, wozu man zudem eine Menge Wärmeenergie braucht. Es wird also im Sinne einer weiteren Sicherung unserer Lebensbedingungen wichtig sein, dass wir unser Augenmerk nebenbei auch auf die Düngemittelproduktion richten, und zwar möglichst mit Bordmitteln. Grundsätzlich könnte man nämlich „Strom essen" in Form der über die Wasserstoff-Elektrolyse zugeführten Energie, die dann über den Dünger in den Pflanzen umgesetzt wird. Die Klimawirkung von Düngemitteln erscheint allerdings gegenüber den anderen Emissionen der Landwirtschaft als eher überschaubar[136], und wir sollten uns davon nicht ablenken lassen. Düngemittel sind erst dann bedenklich, wenn es zu einer Überdüngung kommt. Ansonsten helfen sie unseren Nahrungspflanzen, die Sonnenenergie effizienter umzusetzen.

Wir können unsere Nahrungsproduzenten auch noch an anderer Stelle unterstützen: Die Verwendung von Abwärme für die Nahrungsmittelproduktion wird vermutlich den Unterglas-Kulturen in Deutschland noch einmal einen großen Schub verleihen. Dabei muss man nicht nur an riesige Flächen in Treibhäusern denken, sondern kann diese durchaus inzwischen auch hochkant stellen, das sogenannte „vertical farming"[137]. Bereits heute kommen Tomaten und Paprika vielfach aus Substratkulturen, und dem vormals schlechten Image sind die Produzenten durch neue Sorten, sterile Aufzucht ohne Schädlinge und Pflanzenschutzmittel sowie durch optimale künstliche Beleuchtung sowie geringen Wasser- und Düngerbedarf beigekommen. Was manchem Hobbygärtner und Feinschmecker die Tränen in die Augen treibt, wird sich

---

136 www.greenpeace.de/sites/default/files/publications/Landwirtschaftsreport_08jan08_0.pdf

137 www.landwirtschaft.de/landwirtschaft-erleben/landwirtschaft-hautnah/in-der-stadt/vertical-farming-landwirtschaft-in-der-senkrechten

vermutlich angesichts der zunehmenden Weltnachfrage nicht anders lösen lassen. Man kann dabei allerdings durchaus einen strengen Bio-Standard einhalten, wie Beispiele belegen[138]. Letztlich ist es nicht einmal ausgeschlossen, dass wir mit der Wärme aus unseren Elektrolyseuren und angesichts der Wasserprobleme die südspanischen Anbaugebiete entlasten werden. Man muss die Wärme nur geeignet managen, wie das bereits im Kapitel über das Heizen dargestellt wurde.

Was essen wir also 2050? Wer dann noch nicht ins Gras gebissen hat, wird vermutlich wieder zu dem Ernährungsverhalten unserer Großeltern zurückkehren, bereichert um Kenntnisse aus der Medizin, Kochrezepten aus aller Welt und so manchem Produkt aus dem Treibhaus. Als sicher erscheint nur eines: Es wird der nächsten Generation schmecken.

Arbeiten

Alles kommt ganz furchtbar. Die beiden gefährlichen Monster Digitalisierung und Klimaschutz in Verbindung mit den hohen Energiepreisen in Deutschland werden uns alle unsere Arbeitsplätze kosten und Deutschland in ein Armenhaus verwandeln. Oder auch nicht. Liebe Schwarzseher, das Leben erweist sich leider von Beginn an als lebensgefährlich. Machen wir uns also nicht lächerlich. Wir leiden im Moment offenbar sogar unter so großem Fachkräftemangel, dass wir über qualifizierte Zuwanderung diskutieren.

Alle reden über Künstliche Intelligenz als dem großen Jobkiller, aber kaum jemand kann sagen, in welchem Umfang die neuen Software-Werkzeuge unsere Arbeitswelt tatsächlich beeinflussen werden. Während diese Zeilen entstehen, werden die ersten Prozesse gegen das Unternehmen AI wegen ChatGPT und Urheberrechtsverletzungen beim Trainieren des Systems angestrengt, und es kann gut sein, dass dieser Hype auf ein Normalmaß schrumpft.

---

138 www.westhof-bio.de

Computergesteuerte Werkzeugmaschinen kennen wir nun seit mehr als 60 Jahren, etwa genauso lange wie die Textbearbeitung mit Computern. Routineaufgaben verschwinden beständig. Digitalisierung ist also nicht neu, und wir kommen damit ganz gut zurecht, auch was die Arbeitsplätze angeht. Insofern scheint mit ein bisschen Durchblick etwas mehr Gelassenheit angesagt. Um zu einem qualifizierten Urteil zu kommen, ist es erforderlich, die vielen technischen Entwicklungen der letzten Jahre, die Einfluss auf die Arbeit der Zukunft haben, voneinander zu trennen. An dieser Stelle reden wir darum ausschließlich vom Umbau unseres Energiesystems.

Schaut man sich die Branchen an, die von der Energiewende betroffen sein werden, so fallen einem natürlich zunächst alle Unternehmen ein, die sich mit fossilen Energieträgern befassen. In der Braunkohlewirtschaft waren 2020 noch etwa 19.500 Mitarbeitende beschäftigt, was einem Anteil von 0,04 Prozent aller Erwerbstätigen in Deutschland entspricht[139]. Diese Arbeitsplätze werden bis 2038 wegfallen, wobei zu beachten ist, dass wir immer noch Leute benötigen, die sich dann um Abbau und Sicherung der Gruben kümmern. Auch beim Rückbau der Kernkraftwerke sind noch viele Expertinnen und Experten für die nächsten 10 bis 15 Jahre in Lohn und Brot. In beiden Fällen kommt der Ausstieg weder überraschend, noch fällt der Hammer abrupt. Das mag für die betroffenen Regionen und Gemeinden bitter sein, aber die Geschichte hält viele Beispiele von Arbeitsmigration und Niedergang bereit. Im Sinne der Rede von Churchill aus dem Vorwort zu diesem Buch fällt das in die Kategorie „Tränen“.

---

139 www.dbfz.de/biooekonomieatlas/kohle-strukturwandel/kohleindustrie-deutschland

In der Gasversorgung sind in Deutschland etwa 35.100 Menschen beschäftigt[140], davon etwa 25.500 bei den Versorgungsnetzbetreibern[141], die meist auch die knapp 11.000 Menschen unter Vertrag haben, die sich um die Wärme- und Kälteversorgung kümmern. Geht man von dem Modell aus, dass die Gasverteilnetze – also die großen Überlandleitungen – statt Erdgas in Zukunft Wasserstoff transportieren und die lokalen Gasnetze nach und nach durch Wärmenetze ersetzt werden, dürfte es in dieser Branche eher plus minus null hinsichtlich der Arbeitsplätze ausgehen. Gleichzeitig ist noch mit einem deutlichen Aufwuchs bei den Beschäftigten der Elektrizitätsversorgung zu rechnen, die mit knapp 215.000 ohnehin die bei weitem größte Gruppe stellen. Hier sind wir im Übrigen ratlos, woher die ganzen technisch versierten Fachkräfte kommen sollen, die wir für diesen Umbau benötigen, was möglicherweise die größte Bremse der Energiewende werden könnte.
In der Mineralölverarbeitung waren 2015 etwa 17.000 Menschen beschäftigt[142]. Die Frage stellt sich, ob diese Arbeitsplätze mit der Umstellung auf Elektromobilität bis 2050 alle wegfallen werden. Klar ist, dass im Laufe der Zeit die Nachfrage nach Benzin und Diesel bis auf nahezu null abnehmen wird. Beim Flugverkehr kann noch nicht abschließend geklärt werden, ob wir mit Wasserstoff oder mit künstlichem Kerosin fliegen werden. Letzteres scheint gegenwärtig wahrscheinlicher. Zudem benötigen wir jede Menge Wasserstoff zur Substitution der Ausgangsstoffe der chemischen Industrie, die bisher aus Erdöl gewonnen werden, beispielsweise für Farben oder Kunststoffe. Was außerdem in großem Umfang

---

[140] de.statista.com/statistik/daten/studie/150417/umfrage/beschaeftigte-in-der-gasversorgung-in-deutschland-seit-1991/
[141] www.bundestag.de/resource/blob/898846/5d985cc6f3232476ede6f02f41fd926f/WD-5-060-22-pdf-data.pdf
[142] www.bmwk.de/Redaktion/DE/Artikel/Energie/mineraloel-transport-lagerung-verarbeitung.html

zu Buche schlagen wird, sind die Elektrolyseure, die wir als strategische Reserve in Deutschland aufbauen und betreiben werden. Gerade die Expertinnen und Experten in den Raffinerien kennen sich gut mit diesen Stoffen und den dazu nötigen Fertigungsanlagen und Sicherheitsstandards aus. Gleiches gilt für Tankwagenfahrer und andere Menschen, die für den Transport solcher Flüssigkeiten und Gase geschult sind. Tankstellen müssen sich zweifelsfrei auf Strom und Wasserstoff umstellen, was sicher noch einiger Mühe bedarf. Es erscheint mit Blick auf die vielen neuen Einsatzgebiete als sehr wahrscheinlich, dass es zwar zu einem strukturellen Umbruch kommt, sich nach diesem Einschnitt die Allermeisten aber nahezu auf ihrem alten Arbeitsplatz wiederfinden werden. Wer allerdings als Raffinerie zu spät kommt, den wird das Leben bestrafen. Das ist dann dummerweise ein Fehler des Managements und nicht der Politik. In diesem Sinne: Bleiben Sie nicht an Bord, wenn der Kapitän nichts taugt. Gerade legen viele neue Schiffe ab.

Wie viele Menschen sind in der Automobil- und Autozulieferindustrie beschäftigt? Darüber gibt es sehr unterschiedliche Ansichten, je nachdem, wen man mitzählt. „Jeder siebte Arbeitsplatz hängt vom Automobil ab." Diese Aussage haben wir vielleicht alle schon einmal gehört, und man muss leider feststellen, dass so kreativ gerechnet wurde, dass man es schon als Lüge bezeichnen kann. Zitieren wir daher direkt den Verband der Automobilindustrie[143]: „Im Gegensatz zum Umsatz entwickelte sich die Beschäftigtenzahl der in Deutschland ansässigen Automobilindustrie im Jahr 2022 rückläufig. Im Mittel des vergangenen Jahres waren 774.300 Personen in den Betrieben der Hersteller von Kraftfahrzeugen und Kraftfahrzeugteilen beschäftigt." Na also. Allerdings sollte man die Branche auch nicht kleinreden: Sie ist die deutlich größte der großen Fünf des Verarbeitenden Gewerbes (Kraftfahrzeugbau,

---

[143] www.vda.de/de/themen/automobilindustrie/marktentwicklungen/beschaeftigungszahlen-und-beschaeftigungsentwicklung

Maschinenbau, Chemisch-pharmazeutische Industrie, Elektrotechnik und Ernährung), jedenfalls was den Umsatz angeht[144]. Umso besorgter macht einen die Firmenpolitik beim Thema Elektromobilität, wie wir das im Abschnitt über das Autofahren bereits diskutiert hatten. Aber wir werden ja auch noch jede Menge Elektrolyseure und Windgeneratoren bauen müssen, die hier wahrscheinlich zur Stabilisierung beitragen können. Die Elektrotechnik und der Maschinenbau werden erheblich zulegen.

Deutlich abzugrenzen ist übrigens der Kraftfahrzeugbau vom Kfz-Gewerbe, nämlich den Autohändlern und -werkstätten, die eine ganz eigene Dynamik entwickeln. Diese hängt allerdings nur teilweise mit der Energiewende zusammen[145]. „Bis zum Jahr 2030 geht der Personalbedarf um etwa 18 Prozent von heute 435.000 auf 356.000 zurück. Bis 2040 werden rund 28 Prozent weniger Personen im Kfz-Gewerbe tätig sein (312.000). Am stärksten sind die Zentralabteilungen mit verwaltungsorganisatorischen Aufgaben bis zum Jahr 2040 (-36 Prozent) vom Rückgang betroffen. Auch in den Bereichen Handel (-34 Prozent) sowie Werkstatt und Teile (-24 Prozent) mit Mitarbeitenden in der Verkaufsberatung und Fachkräften für Kfz-Mechatronik werden die Beschäftigtenzahlen sinken.“ Ganz grob lässt sich sagen, dass die Rückgänge im Bereich Verwaltung auf die Digitalisierung und die Rückgänge im Handel auf Online-Verkaufsportale zurückzuführen sind. Der Markenhändler wird die wichtigsten Automodelle in seinem Showroom im Auftrag der Autowerke vorhalten, das war es. Der Handel wandert komplett ins Internet, die Autowerke vermarkten direkt und schalten den Zwischenhandel praktisch aus. Im Kfz-Handwerk fallen immer noch Arbeiten am Fahrwerk einschließlich Reifen und

---

144 de.statista.com/statistik/daten/studie/241480/umfrage/umsaetze-der-wichtigsten-industriebranchen-in-deutschland/

145 www.e-mobilbw.de/fileadmin/media/e-mobilbw/Publikationen/Studien/e-mobil_BW_Beschaeftigungseffekte_im_Kfz-Gewerbe_2030_2040.pdf

Arbeiten an der Autohülle an, während der Ölwechsel wegfällt. Alles Weitere beschränkt sich auf den Austausch von Modulen und auf wesentlich mehr Elektrotechnik und Elektronik, wie es jetzt auch schon teilweise der Fall ist. Die Elektromobilität wird an dem Beschäftigungsrückgang in der Weise beteiligt sein, dass die Anzahl der Mitarbeiterinnen und Mitarbeiter im Werkstattbereich im Laufe der Energiewende bundesweit von etwa 257.000 auf 199.000 abnimmt. Das ist lange hin, sodass vieles davon die Rente richten wird.

Setzen wird das mal in Relation zur Windenergiebranche. Die Anzahl der Beschäftigten in der Windindustrie[146] ist vom Maximalwert 160.200 im Jahr 2016 auf 122.000 im Jahr 2019 eingebrochen, und zwar vor allem aufgrund veränderter Förderpolitik. Hat das jemand in der Öffentlichkeit lautstark moniert? Erfreulicherweise steigen die Zahlen jetzt wieder an, und das müssen sie auch angesichts unserer Ausbaupläne. Auch im Bereich des Baugewerbes reden wir eher darüber, woher man die ganzen Handwerker bekommen soll, die Häuser energetisch umbauen, Wärmepumpen installieren und Solarpaneele auf Dächern montieren werden. Die Transformation unseres Energiesystems ist eben ein riesiges Infrastrukturprojekt, das sich allerdings über 25 Jahre erstrecken wird. Es muss ja nicht alles schon morgen fertig sein, aber je früher, desto besser für das Klima. Alles in allem bleibt uns offenbar die Arbeit erhalten, zumindest bei den Praktikern der Energiewende.

Als letzten Punkt, der die Arbeitsplätze gefährden könnte, werden gelegentlich die hohen oder sogar noch steigenden Energiekosten genannt. Es ist dann immer wieder von Abwanderungstendenzen und der Gefahr einer De-Industrialisierung Deutschlands die Rede. So ganz sind diese Klagen nicht nachzuvollziehen. „Gewerbekunden (Mittlere Unternehmen und Gewerbe mit einem Jahresverbrauch zwischen 500 MWh und 2000 MWh) in Rumänien

---

[146] www.wind-energie.de/themen/zahlen-und-fakten/deutschland/

mussten mit 35,7 Cent pro Kilowattstunde die höchsten Strompreise in Europa zahlen, gefolgt von Italien [33,7 Cent]. Den niedrigsten Preis für die Kilowattstunde Strom zahlten Unternehmen in Finnland [11,5 Cent] und Frankreich [12,7 Cent]. Deutschland, jahrelang teuerstes Stromland für Unternehmen, lag mit 19,9 Cent pro Kilowattstunde unterhalb des EU-Durchschnittspreises von 21,04 Cent.“[147] Und weiter: „Zwischen 2021 und 2022 haben die Strompreise für Gewerbe in fast allen europäischen Ländern angezogen. Die höchsten Aufschläge müssen Firmen in Rumänien [+176%], gefolgt von Litauen [+136%] und Ungarn [+117%] zahlen. Aber auch Kroatien [+109%] und Tschechien [+103 %] verzeichneten Zuwächse im 3-stelligen Bereich. Deutschland liegt mit moderatem Anstieg von 7% weit unterhalb des durchschnittlichen europäischen Strompreisanstiegs von 46%. In den Nachbarländern stiegen die Strompreise für Unternehmen wie folgt: Dänemark +96%, Österreich +40%, Polen +54%, Frankreich +24% Niederlande +54%.“ Aber sind denn nun erneuerbare Energien Preistreiber oder -bremser? Der wissenschaftliche Dienst des Bundestages hat hierzu 2022 verschiedene Studien ausgewertet[148]. Daraus ergibt sich, dass Strom aus Freiflächen-Photovoltaik (vor Steuern) am günstigsten ist, gefolgt von Windenergie. Fossile Kraftwerke und Kernkraft können schon heute eher nicht mithalten und hängen stark von den sich entwickelnden Weltmarktpreisen ab.

Natürlich reagiert die Politik auf Klagen der Unternehmen. Auch wenn die Standortbedingungen für sehr energieintensive Unternehmen in Ländern mit Energieüberschuss günstiger sein mögen, muss Europa zumindest im kontinentalen Verbund

[147] strom-report.com/strompreise-europa/#strompreise-europa-industrie-unternehmen

[148] www.bundestag.de/resource/blob/887090/1867659c1d4edcc0e32cb093ab073767/WD-5-005-22-pdf-data.pdf

sicherstellen, dass es über alle strategischen Kenntnisse und Herstellungsmöglichkeiten verfügt, die zum Funktionieren von Wirtschaft und Gesellschaft erforderlich sind. Das gilt für die Stahl- und Kunststoffproduktion genauso wie für Werften, Pharma-Unternehmen, landwirtschaftliche Betriebe oder Mikrochip-Fabriken. Gerade die Autoelektronik hat gezeigt, welche Auswirkungen die internationale Arbeitsteilung haben kann, wenn Lieferketten durch Krisen wie die Corona-Pandemie unterbrochen werden. Sofern der Staat also nicht selbst zum Unternehmer werden will, muss er freie Unternehmer dazu ermuntern, in Deutschland zu produzieren. Wie viel dazu nötig ist, hängt auch von der politischen und sozialen Stabilität eines Landes ab, in dem die Investition getätigt werden soll.

Macht und Gewalt

Jetzt kommen wir nach den oben erwähnten „Tränen" von Churchill zu der Frage, ob es uns neben Mühsal und Schweiß, wie wir sie in den vorigen Abschnitten angedroht haben, auch noch Blut kosten wird, zumindest im übertragenen Sinne. Müssen wir mit einer Radikalisierung und deutlichen Verschärfung der innenpolitischen Auseinandersetzung bis hin zu zunehmender politisch motivierter Gewalt rechnen? Bringt uns die Energiewende aus dem politischen Gleichgewicht? Holen wir dazu ein wenig aus, denn die Erfahrungen mit den letzten 100 Jahren deutscher Geschichte sind leider in den Köpfen etwas verblasst.

Die Bundesrepublik Deutschland ist ein demokratischer und sozialer Bundesstaat. Alle Staatsgewalt geht vom Volk aus. Sie wird vom Volk in Wahlen und Abstimmungen und durch den Bundestag, die Bundesregierung, die Behörden und die Rechtsprechung ausgeübt. Die Gesetzgebung ist an das Grundgesetz gebunden. Bundesregierung, Behörden und die Rechtsprechung müssen sich an Recht und Gesetz halten. So lauten in etwas modernerer Sprache die Absätze 1 bis 3 des Artikels 20 des Grundgesetzes, das unser Zusammenleben in Deutschland grundsätzlich regelt. Es könnte für manchen banal klingen: Gesetze erlassen kann nur der Bundestag mit der Mehrheit der Abgeordneten. Diese Abgeordneten sind von uns gewählt, sie repräsentieren uns. Insofern spiegeln die Gesetze den Mehrheitswillen des Volkes wider und sind in der Regel ein Kompromiss oder Ausgleich zwischen verschiedenen Interessen. Niemand kann so ohne weiteres seinen Kopf durchsetzen. Das mag im Einzelfall ernüchternd sein, aber Erwachsene haben normalerweise die kindliche Trotzphase längst hinter sich gelassen.

Volksentscheide auf Bundesebene sind auf einen Spezialfall beschränkt, nämlich den Beitritt zum Bundesgebiet. Das „Volk“ kann also nur in diesem Sonderfall direkt abstimmen, denn die direkte Demokratie birgt leider immer die große Gefahr der rein gefühlsmäßigen, schlecht informierten oder sogar manipulierten Entscheidung, wie der Brexit in Großbritannien gezeigt hat. Deshalb kann man der bei uns geltenden Einschränkung durchaus etwas abgewinnen. Weiterhin müssen Gesetze natürlich konform mit dem Grundgesetz sein. Das überprüft auf Antrag das Bundesverfassungsgericht. Regierungen, Behörden und Gerichte haben diese Gesetze einzuhalten und auf deren Einhaltung durch die Bürgerinnen und Bürger zu achten. Das kann bis zu Zwangsmaßnahmen gehen, eben der Gewalt, die vom Volk ausgeht, und alles gilt selbstverständlich auch für Klimaschutzgesetze. So weit, so gut.

Wer könnte oder wollte das infrage stellen? Das sind auf der einen Seite die radikalen Leugner der menschengemachten Klimakrise. Sie nehmen für sich in Anspruch – von welchen Motiven auch immer geleitet –, mehr über die Wirklichkeit zu wissen als die geballte wissenschaftliche Kompetenz, oder besser als andere beurteilen zu können, was der Menschheit guttut. Die Welt ist ansonsten schwarz und weiß, und es wird vermeintlich Zeit, die Regierung zu stürzen. Pointiert gesagt: Wenn die Welt brennt, haben die Chaoten wenigstens ein Feuerchen, an dem sie sich wärmen können. Am anderen Ende gibt es die radikalen Klimaaktivisten, die aus ihrer Verzweiflung über die empfundene Untätigkeit von Politik und Gesellschaft die Berechtigung ableiten, uns mithilfe von Sekundenkleber ihre Meinung aufzuzwingen. Das könnte man eventuell mit einer gewissen Sympathie sehen, denn immerhin erscheinen die Motive subjektiv noch als ehrenhaft. Ob die Aktivisten allerdings ihrer Sache einen Gefallen tun, indem sie die Leute gegen sich aufbringen, sei dahingestellt. Wenn aus frustrierten Aktivisten irgendwann wütende Terroristen werden, wäre die Sache für den Normalbürger sowieso unakzeptabel.

Aber was macht man in letzter Konsequenz, wenn Regierungen sich nicht an Gesetze halten? Ein im Sinne der Energiewende wichtiges Gesetz ist das Klimaschutzgesetz, gegen das junge Leute von den Halligen geklagt hatten. An dieser Stelle lohnt es sich, einen längeren Absatz aus der Presseerklärung des Bundesverfassungsgerichts zum Urteil vom 29. April 2021 zu zitieren[149]: „Das Klimaschutzgesetz verpflichtet dazu, die Treibhausgasemissionen bis zum Jahr 2030 um 55 % gegenüber 1990 zu mindern und legt durch sektorenbezogene Jahresemissionsmengen die bis dahin geltenden Reduktionspfade fest (§ 3 Abs. 1 und § 4 Abs. 1 Satz 3 KSG in Verbindung mit Anlage 2). Zwar kann nicht festgestellt werden, dass der Gesetzgeber mit diesen Bestimmungen gegen seine grundrechtlichen Schutzpflichten, die Beschwerdeführenden vor den Gefahren des Klimawandels zu schützen, oder gegen das Klimaschutzgebot des Art. 20a GG verstoßen hat. Die zum Teil noch sehr jungen Beschwerdeführenden sind durch die angegriffenen Bestimmungen aber in ihren Freiheitsrechten verletzt. Die Vorschriften verschieben hohe Emissionsminderungslasten unumkehrbar auf Zeiträume nach 2030. Dass Treibhausgasemissionen gemindert werden müssen, folgt auch aus dem Grundgesetz. Das

---

149 www.bundesverfassungsgericht.de/SharedDocs/Pressemitteilungen/DE/2021/bvg21-031.html

verfassungsrechtliche Klimaschutzziel des Art. 20a GG ist dahingehend konkretisiert, den Anstieg der globalen Durchschnittstemperatur dem sogenannten „Paris-Ziel“ entsprechend auf deutlich unter 2 °C und möglichst auf 1,5 °C gegenüber dem vorindustriellen Niveau zu begrenzen. Um das zu erreichen, müssen die nach 2030 noch erforderlichen Minderungen dann immer dringender und kurzfristiger erbracht werden. Von diesen künftigen Emissionsminderungspflichten ist praktisch jegliche Freiheit potenziell betroffen, weil noch nahezu alle Bereiche menschlichen Lebens mit der Emission von Treibhausgasen verbunden und damit nach 2030 von drastischen Einschränkungen bedroht sind. Der Gesetzgeber hätte daher zur Wahrung grundrechtlich gesicherter Freiheit Vorkehrungen treffen müssen, um diese hohen Lasten abzumildern. Zu dem danach gebotenen rechtzeitigen Übergang zu Klimaneutralität reichen die gesetzlichen Maßgaben für die Fortschreibung des Reduktionspfads der Treibhausgasemissionen ab dem Jahr 2031 nicht aus. Der Gesetzgeber ist verpflichtet, die Fortschreibung der Minderungsziele der Treibhausgasemissionen für Zeiträume nach 2030 bis zum 31. Dezember 2022 näher zu regeln.“

Dieses Urteil und die Kernaussagen des höchsten deutschen Gerichts lassen ein wenig Hoffnung aufkeimen, dass doch noch Vernunft einkehrt. Immerhin konnte schon am 31. August 2021 die Gesetzesnovelle in Kraft treten, die die geforderten Zwischenziele definiert. Der gleichzeitig berufene Expertenrat für Klimafragen kommt in seinem ersten Zweijahresgutachten 2022[150], das nach § 12 Abs. 4 des Klimaschutzgesetzes vorgesehen ist, allerdings zu einem eher vernichtenden Urteil: „Es hat im Zeitraum von 2000 bis 2021 substanzielle Emissionsminderungen gegeben, aber die realisierten klimapolitischen Wirkungen waren vielfach geringer als die avisierten und durch politische Instrumente

[150] expertenrat-klima.de/publikationen/

adressierten Ziele." Und weiter: „Eine Fortschreibung der beobachteten Entwicklung in die Zukunft belegt für nahezu alle Sektoren wie auch für die Emissionen insgesamt, dass die Ziele des Klimaschutzgesetzes für das Jahr 2030 bei gleichbleibender Minderungsrate signifikant verfehlt würden." So etwas nennt man gemeinhin eine Klatsche.

Die Bundesregierung scheint also auf dem besten Wege zu sein, gegen die vom Parlament beschlossenen Gesetze selbst zu verstoßen. Das eröffnet zunächst einmal den Klageweg, und so vermeldet die Deutsche Umwelthilfe[151]: „Mit den mutigen Kindern und jungen Erwachsenen, die schon mit uns vors Bundesverfassungsgericht gezogen sind, haben wir jetzt Beschwerde gegen das immer noch zu schwache Bundesklimaschutzgesetz vor dem Europäischen Gerichtshof für Menschenrechte eingereicht. Gegen die Bundesregierung klagen wir vor dem Oberverwaltungsgericht Berlin-Brandenburg in mehreren Verfahren auf die Einhaltung der gesetzlichen CO2-Grenzen und ausreichende Klimaschutzmaßnahmen in allen wichtigen Bereichen." Was soll man davon halten, wenn so etwas erforderlich wird? Das Verhalten der Politik frustriert die Gesetzestreuen und beschädigt ihr Vertrauen in Demokratie und Rechtsstaat. Zudem ermuntert es Extremisten, es mit den Gesetzen einschließlich des Grundgesetzes nicht so genau zu nehmen. Legal, illegal, scheißegal? Es gibt da leider deutsche Vorbilder, wie man durch gemeinschaftliches Zutun aller Parteien eine Demokratie herunterwirtschaftet und alles in einem gewaltigen Blutbad endet; der geneigten Leserin, dem geneigten Leser sei die Lektüre einer Dokumentation der Reichstagswahlen 1932 und 1933 empfohlen[152].

---

[151] www.duh.de/klimaklagen/

[152] Schmidt, R. F.: Der Untergang einer Republik: Weimar und der Aufstieg des Nationalsozialismus (1918-1933), Würzburg, 2020

Wie wir im Jahr 2050 leben werden, hängt maßgeblich davon ab, ob wir die Mehrheitsmeinung achten und umsetzen und ob wir die Extremfälle der politischen Ansichten als das behandeln, was sie sind: zu ertragende Meinungen kleiner Minderheiten. Gemeint sind hier nicht Wählerinnen und Wähler, sondern Menschen, die sich so weit mit den Aussagen der Parteien identifizieren, dass sie Mitglied werden. Gemessen an der Gesamtbevölkerung handelt es sich am Rand des politischen Spektrums tatsächlich um Minderheiten[153]. Daran ändern auch die Wahlen im Osten nichts. Laut sind sie, aber in der Minderzahl, und damit im Bundestag höchstens störend.

Die Mütter und Väter des Grundgesetzes haben nach den Jahren der Barbarei in Deutschland 1949 hohe Dämme errichtet, um eine erneute Diktatur zu verhindern. Das Wort Diktatur taucht leider immer wieder missbräuchlich und vollkommen überzogen auf, wenn Freiheiten oder Verdienstmöglichkeiten beschnitten werden sollen oder man damit in den Medien eine gute Quote erzielt. Die Themen reichen von der bereits genannten Anschnallpflicht über das Verbot von verbleitem Benzin, die Einführung des Abgas-Katalysators oder die Maskenpflicht während der Corona-Pandemie bis hin zum Rauchverbot in öffentlichen Verkehrsmitteln. Allen diesen Ver- oder Geboten ist eines gemeinsam: Sie stellen keine Willkürmaßnahme dar, sondern sind wissenschaftlich wohlbegründet zum Schutz von Leib und Leben der Allgemeinheit erlassen worden. Wenn demnach bekannt ist, dass etwas unserer Gesundheit schadet (beispielsweise die Klimakrise in ihren Auswirkungen), und der Bundestag oder die Verwaltungen handeln, können wir über Diktatur nicht mehr reden. Wenn sich dadurch jemand eingeschränkt fühlt, kann er sogar noch vor dem Bundesverfassungsgericht oder dem Bundesverwaltungsgericht klagen und Abhilfe

---

[153] de.statista.com/statistik/daten/studie/1339/umfrage/mitgliederzahlen-der-politischen-parteien-deutschlands/

einfordern, ohne dass er dafür bei Nacht und Nebel abgeholt wird und einfach für immer verschwindet. Wer also angesichts der Mehrheitsentscheidungen im Bundestag von einer Öko-Diktatur spricht, hat entweder unsere rechtlichen Grundlagen nicht verstanden oder geht leichtfertig mit unserer Rechtsgeschichte um.

Gibt es stattdessen wenigstens eine Diktatur der Wissenschaft? Wären Wissenschaftlerinnen und Wissenschaftler womöglich die besseren Politiker? Sicher nicht alle, schon allein deshalb, weil die Zukunft nicht berechenbar ist und es keine exakte wissenschaftliche Methode gibt, die Realität vorauszusagen. Wir wissen eben nicht alles, und das macht die Politik zu einem Balanceakt zwischen Notwendigem und Möglichem, hoffentlich gewürzt mit Sachkompetenz. Die empirischen Wissenschaften im Sinne der Gemeinschaft aller Wissenschaftlerinnen und Wissenschaftler aus den Natur- und Ingenieurwissenschaften, der Medizin und der Mathematik sollten nur Aussagen machen, die sich mit ihren Methoden belegen lassen, also durch den Beweis oder die Messung. Jede Theorie kann anhand der Realität von jeder Person und überall auf der Welt (oder sogar im Weltall) überprüft werden. Wenn sich allerdings Einzelpersonen aus dieser Gemeinschaft lösen und sich zu allgemeineren Dingen äußern, ist das eben nicht Wissenschaft, sondern höchstens eine qualifizierte Meinung. Das gilt auch für das Buch, das Sie gerade lesen.

Meinung und Wissen werden immer wieder verwechselt, wenn beispielsweise abweichende Lehrmeinungen breiten Raum in den Medien einnehmen. Wenn ich zwei Naturwissenschaftler in eine Talkshow einlade und nur einer von beiden vertritt die Meinung, die nach sorgfältiger Abwägung von 99 % der Fachleute geteilt wird, dann vermittelt diese Diskussion ein vollkommen falsches Bild vom Stand des Wissens. Dann ist der andere eben nicht der sympathische Rebell, dem man gegen die böse Mehrheit beistehen muss, auch wenn vielleicht in der Diskussion der Eindruck erweckt wird. Die Wissenschaftsgemeinde hat ihre eigenen Regeln: Sie nimmt die Meinung zur Kenntnis. Wenn sie zum Ergebnis kommt, dass das Geäußerte nicht Teil des gesicherten Wissens ist, weil es nicht belegt werden kann oder es Gegenbeweise gibt, verwirft sie die Meinung. Im besten Fall nimmt jemand das zum Anlass für weitere Forschungsarbeiten, weil man das Thema möglichst weitgehend abschließen möchte. Die Öffentlichkeit geht ganz anders damit um, denn dort werden zunächst einmal alle Äußerungen als Meinungen wahrgenommen und gleich gewichtet. Genau genommen müsste die Talkshow mit 100 Menschen auf dem Podium stattfinden, damit das Publikum erkennt, dass der eine Andersdenkende vielleicht dann doch eine etwas merkwürdige Meinung äußert, die man am besten sofort wieder vergisst. Nun leben Talkshows von der Diskussion, sie sollen einen Unterhaltungswert haben. Da scheint es langweilig, wenn alle einer Meinung sind. Also suchen die Redakteure sich den einen „Querkopf" und geben ihm eine Bühne. Man hätte als Diskussionsleiter aber auch folgern können, dass es nichts mehr zu diskutieren gibt, und das Thema einfach fallenlassen. Aber sind solche überflüssigen Diskussionen schlimm? Ja, denn es entsteht der Eindruck von Komplexität und Uneinigkeit, und die Zuschauer, die Kommentatoren oder sogar ganze Social-Media-Gemeinden werden verunsichert und skeptisch gegenüber den wissenschaftlich korrekten Aussagen.

Über naturwissenschaftliche Fakten diskutieren Fachleute innerhalb ihrer Fachgemeinschaften. Die anderen Menschen können die Ergebnisse genau genommen nur zur Kenntnis nehmen. Öffentlich diskutieren kann man im Gegensatz dazu über das richtige Verhalten, das richtige Handeln oder sinnvolle Ziele, die daraus folgen. Deshalb gibt es einen weiteren Zweig der Wissenschaften, der sich mit Dingen beschäftigt, die man vielleicht nicht messen oder wiegen kann, bei der die Mathematik nur im Zusammenhang mit der Logik eine Rolle spielt und bei denen es am Ende vielleicht nicht nur die eine Wahrheit gibt. Ausgangspunkt dieser

Wissenschaften ist die Philosophie[154], die unter anderem die besagte Logik und die Ethik umfasst. Gerade in diesen Wissenschaften müssen Argumente logisch, also folgerichtig aufeinander aufbauen. Vertreter gegensätzlicher Standpunkte schärfen daher ihre Argumente und führen den sogenannten wissenschaftlichen „Diskurs" mit dem Ziel, sich der Wahrheit bei dieser Auseinandersetzung mit Worten weiter anzunähern. Das Ergebnis wird im günstigsten Fall von einer großen Anzahl von Leuten als eine gute Grundlage für das weitere Vorgehen angesehen. Besonders wichtig im Zusammengang mit Umweltschutz ist die Ethik, die sich mit Fragen der Moral beschäftigt wie: Wurde uns die Erde als Geschenk anvertraut? Darf man Tiere wie Sachen behandeln? Kann man Menschen in fremden Ländern einfach verhungern lassen?

Moralische Kategorien bilden auch die Grundlage unseres Rechtssystems, von den Normen – Geboten – unserer vorherrschenden Religion über die Menschenrechtskonvention der Vereinten Nationen oder unser Grundgesetz bis hin zum Strafmaß für illegale Abfallentsorgung. Was ist richtig, was ist gerecht? Das kann von Land zu Land, von Religion zu Religion und im Laufe der Zeit variieren. Diese Unsicherheit beunruhigt manche Menschen. Sie finden bestimmte Regeln unsinnig, bei anderen legen sie strengere Maßstäbe an. Grundschulkinder lieben die eindeutigen Regeln der Mathematik, denn hier muss man nur zwischen falsch und richtig und nicht zwischen Gut und Böse unterscheiden. Die Regeln der Lebenswirklichkeit erweisen sich leider nicht als so schwarz und weiß.

Das richtige Verhalten ist irgendwie Verhandlungssache und enthält auch einen gewissen Eigennutz. Wenn das Recht des Stärkeren gelten würde, könnte es geschehen, dass ich mal auf der Verliererseite stehe, und dann der „neue" Stärkere mir das antut, was ich ihm angetan habe. Warum soll ich anderen helfen? Damit sie

---

[154] www.ethikrat.org/leichte-sprache/was-ist-philosophie/

mir helfen, wenn ich in Not bin! Warum soll ich mich um die nächsten Generationen sorgen, wenn ich doch längst tot bin, bevor sie sich an mir rächen könnten? Vielleicht bin ich ja noch gar nicht tot, wenn es zum Streit kommt! Die politische Auseinandersetzung findet irgendwo zwischen Glauben und Wissen, zwischen Meinungen und Fakten statt. Das macht sie so schwierig und fordert uns immer wieder heraus. Dazu gibt es anscheinend keine Alternative. Manche Leute können damit gut leben, manche weniger gut. Wer das weniger gut kann, sieht in seiner Ratlosigkeit vielleicht nur noch die Gewalt als Lösung.

Sollten sie sich also jetzt fragen, warum an dieser Stelle keine Vermutung steht, wie wir miteinander am Ende der Energiewende leben werden, kann die Antwort nur lauten, dass es bis dahin zu viele Scheidewege gibt. Entscheiden wir uns jeweils für links- oder rechtsherum? Das wird in bestimmten Fällen gleichgültig sein, viele Wege führen nach Rom. In anderen Fällen führt der eine Weg in den Abgrund, der andere in eine lebenswerte Zukunft. Den richtigen Weg könnten wir gemeinsam finden. Wir dürfen zumindest daran arbeiten.

Im Bunker

Wenn wir schon mal dabei sind, bleibt uns jetzt noch ein ganz schwarzes Kapitel. In der Literatur zur Klimakrise geht es immer wieder um Gerechtigkeit auf der Welt, um einen Ausgleich mit den ärmeren Ländern oder um unsere besondere Verantwortung aufgrund der Taten in der Vergangenheit. Können deutsche Politikerinnen und Politiker einen solchen weltweiten Ausgleich zwischen den Menschen in den Vordergrund ihrer Bemühungen stellen? Müssten sie sich nicht vor allem um die Sorgen und Probleme ihrer Landleute – also um uns Deutsche – kümmern? Man sagt, im Ernstfall käme das Fressen vor der Moral. Was interessieren mich die Leute in Äthiopien oder in den Fabriken in Pakistan? Die

Menschen dort haben ihr eigenes Leben, mit dem sie eben klarkommen müssen. Ende des Nachdenkens und des Gewissens.

Ein Beispiel für eine Gerechtigkeitsanstrengung ist das Lieferkettengesetz[155] von 2021, das Unternehmen ab einer bestimmten Größe dazu verpflichtet, bei ihren weltweiten Lieferanten einen Mindeststandard der Einhaltung der Menschenrechte sicherzustellen, also beispielsweise nichts zu verwenden, was in Kinderarbeit hergestellt wurde. Auch Fair-Trade-Produkte sind der Idee entsprungen, dass eine Menge Kunden wissen möchten, ob man Menschen in Erzeugerländern ausbeutet, also im Grunde Blut an den Kaffeebohnen klebt. Das Thema der weltweiten Chancengerechtigkeit wird besonders heikel, wenn wir unseren Vorsprung in Technik und Wirtschaft dazu nutzen, um im internationalen Wettbewerb andere daran zu hindern, ihren Lebensstandard zu entwickeln.

Im Zusammenhang mit der Beschaffung von grünem Wasserstoff kommt diese Diskussion gegenwärtig immer wieder hoch: Ist die Produktion des Energieträgers in der ehemaligen deutschen Kolonie Namibia eine neue Form der Ausbeutung durch die alte Besatzungsmacht? Man betont zwar, dass es vor allem darum ginge, Namibia Entwicklungschancen aufzuzeigen, bei denen es nur Gewinner gäbe. Interessant würde es allerdings, wenn sich in beiden Ländern politische Verschiebungen ergäben, bei denen es auf der einen Seite um Verstaatlichung und auf der anderen Seite um Sicherung der Versorgung ginge. Da nützen dann auch alle Verträge und Schwüre nichts, da wird im Zweifel durchgegriffen. Letztlich müssen sich alle Industrieländer eingestehen, dass ihr Reichtum unter anderem darauf beruht, dass sie in der Vergangenheit ihren Kolonien militärisch überlegen waren und damit die

---

[155] www.bmas.de/DE/Service/Gesetze-und-Gesetzesvorhaben/Gesetz-Unternehmerische-Sorgfaltspflichten-Lieferketten/gesetz-unternehmerische-sorgfaltspflichten-lieferketten.html

Chance hatten, sich durch Ausbeutung von Land und Leuten zu bereichern. Wann ist das verjährt? Bereits 1979 hat der Bundestag sich darauf verständigt, dass die Verjährung für Völkermord aufgehoben wird[156]. Also ging es nur noch um die Frage, ob der Umgang mit den Ureinwohnern Namibias Völkermord war[157], die dann 2015 endlich bejaht werden konnte. Insofern stehen die Chancen für unsere Wasserstoffversorgung aus dem südlichen Afrika erstmal nicht schlecht.

Städte und insbesondere Metropolen sind auf ihr Umland angewiesen, wenn es um die Versorgung der Bevölkerung mit Energie, Lebensmitteln und häufig auch Wasser geht. Blättern wir mal ein wenig in den Geschichtsbüchern zurück. Burgen waren im Mittelalter ein echtes Machtinstrument. Sie boten Schutz vor der Gewalt von Angreifern und sicherten damit die Herrschaft über eine Region. Wenn man das heute nicht mehr nachvollziehen kann, muss man sich nur einmal vorstellen, unter welchen Bedingungen – was das Wetter und die Versorgung der Soldaten angeht – ein Angreifer seine Aktion durchführen musste. Die große Schwäche der Burg selbst war ihre Versorgung. Sofern die Mauern stark genug waren, man genügend Menschen hatte, um die Verteidigung zu organisieren, und man über saubere Brunnen und hinreichend Lebensmittel verfügte, konnte man den nächsten Winter abwarten und zusehen, wie die Angreifer vor den Toren unter Hunger und Kälte litten. Aber wehe, die Burg war nicht ordentlich versorgt. Dann wurde auch schon mal alles gegessen, was den Magen irgendwie füllte. Hinsichtlich der Rohstoff- und Energieversorgung Europas hatten wir ja schon festgestellt, dass eine Festung Europa keineswegs so unabhängig vom Rest der Welt wäre. Könnte man

---

156 www.deutschlandfunkkultur.de/voelkermord-verjaehrt-nicht-der-bundestag-wollte-keinen-100.html

157 www.bpb.de/kurz-knapp/hintergrund-aktuell/335257/voelkermord-an-herero-und-nama-abkommen-zwischen-deutschland-und-namibia/

Waren reinlassen und Menschen nicht? In letzter Konsequenz nur, wenn die Menschen draußen das zuließen. Ansonsten säßen wir schnell auf dem Trockenen.

Aber nehmen wir mal an, wir hätten genügend Ressourcen in der Burg. Dann könnte uns die übrige Menschheit doch eigentlich egal sein, oder? Als im Sommer 2022 klar wurde, dass das mit dem russischen Gas nicht mehr so weitergehen würde, fingen die Menschen nach den Corona-Erfahrungen um Hefe und Toilettenpapier wieder an, über eine eiserne Reserve nachzudenken. Dabei erlebten die Empfehlungen des Bundesamts für Katastrophenhilfe und Bevölkerungsschutz eine unglaubliche Wiedergeburt[158]. Wer sich daraufhin als Privatperson intensiver mit den Empfehlungen beschäftigte, kam allerdings relativ schnell zu dem Ergebnis, dass vermutlich keine normale Speisekammer in einer deutschen Mietwohnung die Notration fassen würde. Insbesondere die Wasservorräte erweisen sich als echte Herausforderung. Wir hätten also im Krisenfall das Problem der Besitzenden und der Habenichtse. Die einen sitzen warm und satt in ihrem Eigenheim, die anderen leiden in ihrer Mietwohnung unter Durst, Hunger und Kälte. Das könnte man noch mit einem Schulterzucken quittieren, aber in Deutschland gibt es etwa 5,5 Millionen Schusswaffen im Privatbesitz[159]. Statistisch kommt auf jeden 13. Deutschen ein Gewehr, eine Pistole oder Ähnliches. Gleichzeitig wachen in Deutschland etwa 300.000 Landes-Polizeibeamte[160], etwa eine oder einer pro 300 Einwohner. Wer sich also im Ernstfall darauf verlassen möchte, dass ihn der Staat schon vor den bewaffneten hungrigen und durstigen Habenichtsen schützen wird, könnte sich im Irrtum

---

158 notration-anlegen.de
159 de.statista.com/themen/1201/schusswaffen/#topicOverview
160 www.destatis.de/DE/Themen/Staat/Oeffentlicher-Dienst/Tabellen/beschaeftigten-polizei.html

befinden, zumal sich auch viele Polizeibeamte nur eine Mietwohnung leisten können.

Was hat das mit unserem Thema Energiewende zu tun? Im Jahr 2022 „wurden rund 32,6 Millionen Personen wegen Extremwetterereignissen und Naturkatastrophen in ihrem Land vertrieben … Der Wert … liegt 41 Prozent über dem 10-Jahres-Durchschnitt.“[161] Nicht alles davon ist Klimakrise, aber die Steigerung macht doch nachdenklich. Auch das könnte man wieder mit einem Schulterzucken beantworten, aber die Bundespolizei verfügt über 45.000 Vollzugsbeamte.[162] Davon ist die Grenzpolizei zuständig für den Schutz von etwa 4.700 km deutscher Außengrenzen. Die DDR-Grenztruppen[163] sicherten mit 44.000 Mann im Wesentlichen die innerdeutsche Grenze von knapp 1.400 km Länge[164], und sie hatten den Schießbefehl, also das, was man gemeinhin ein robustes Mandat nennt. Manchmal muss man das Undenkbare zu Ende denken – 32,6 Millionen, siehe oben. Es wäre vielleicht doch sinnvoll, sich über die humanitären Probleme, die die Klimakrise verursacht, zumindest bis 2050 ein wenig Gedanken zu machen.

Nun gibt es ja immer noch Leute, die glauben, sie hätten so viel Geld und Möglichkeiten, dass sie sich im Katastrophenfall auf ihre Insel zurückziehen könnten. Der Rest der Menschheit kann dann gerne – Entschuldigung – krepieren. Wir bauen uns einfach Luftfilter und leben unter einer Käseglocke, notfalls auf dem Mars. Solchen Leuten empfehle ich einen Besuch in der Unterwelt: Etwas seitlich unterhalb des Hamburger Hauptbahnhofs befindet sich ein alter Bunker, den man im Rahmen von Führungen besichtigen

---

161 mediendienst-integration.de/migration/klimawandel-migration.html

162 www.bundespolizei.de/Web/DE/05Die-Bundespolizei/07Daten-Fakten/Daten-Fakten_node.html

163 thewallmuseum.com/dienst-bei-der-grenztruppe-wer-bewachte-die-mauer/

164 www.stasi-unterlagen-archiv.de/informationen-zur-stasi/themen/innerdeutsche-grenze/

kann[165]. Die noch immer funktionsfähigen Schutzräume bieten Platz für 2.702 Personen. Die Luftfilter reichen genau für diese Personenanzahl für 14 Tage. Der Alltag sähe dann nach dem Schließen der Tore so aus, dass man 16 Stunden auf einem Klappsitz sitzend zubringen müsste und für 8 Stunden einen Ruheraum mit Liege zugewiesen bekäme. Die Lebensmittelversorgung besteht aus Wasser und Bundeswehr-Notrationen. Es gibt keine Messer (Warum wohl?) und nur eine minimale medizinische Ausstattung in diesen Räumen. Den einzigen Außenkontakt hätte der Bunkerwart. Wer diesen Bunker nach der Führung verlässt, ist sich sicher: Es gäbe im Ernstfall zwar eine Innen- und eine Außenhölle, aber in die Hölle kämen wir alle.

Viel Geld zu haben ist die Illusion vom Glück unter allen Umständen.

---

[165] www.hamburgerunterwelten.de/Bunker-Hamburg-Hauptbahnhof.html

4. Dichtung und Wahrheit
Oder:
Was man sich so über Klimakrise und Energiewende erzählt

Nachdem wir mit dem dritten Kapitel die Stromschnellen und Klippen der Energiewende erst einmal hinter uns gelassen haben, kommen wir nun in das Land der Mythen und Erzählungen. Es gibt Geschichten über die Klimakrise und die Energiewende, die anscheinend über Jahrzehnte nicht aussterben und sich manchmal in den Köpfen der Menschen festsetzen, ob sie nun wahr sind oder nicht. Solche Bilder beeinflussen unsere Meinung über Politikerinnen und Politiker, technische Lösungen oder gesellschaftliche Entwicklungen in einem Maße, dass es mehr als bedenklich ist. Fakten haben diese Kraft oft nicht, beispielweise, wenn die Hintergründe und Zusammenhänge schwierig zu verstehen sind. Eine gute Geschichte sollte eben einfach daherkommen. Dass darunter gelegentlich die Wahrheit leidet, kann Absicht sein. Wenn man beispielsweise die prämierten „Pressefotos des Jahres" anschaut, erkennt man fast immer das Gefühl, das die Nachricht transportieren soll. Vollkommen sachlich sind die Fotos selten. Dass ein Bild oft mehr als tausend Worte sagt, ist mittlerweile eine Binsenweisheit.

Dieser Sinnspruch gilt aber auch für Begriffe oder Wortschöpfungen. Eine Jury aus Sprachwissenschaftlerinnen und Sprachwissenschaftlern sowie aus dem Journalismus kürt bekanntlich jedes Jahr ein Unwort. Im Jahr 2019 war „Klimahysterie" unter den Favoriten, 2022 waren die „Klimaterroristen" dabei. Diese Unworte appellieren ebenfalls eher an das Gefühl als an den Verstand. Es gibt allerdings auch Worte, die ein Bild von der Energiewende malen, das eher romantischen Sehnsüchten als Realitäten entspricht. Die nahezu inflationäre Verwendung des Wortes „grün" als Symbol für „natürlich = gut" verkennt die Rolle, die die Natur in unserem Leben spielt. Natur ist kein Wesen, sondern eine Umgebung, in der wir leben müssen. Auch in 100 Metern Wassertiefe gibt es fast nur Natur. Die ist dann allerdings blau und absolut lebensfeindlich. Die gelbe – liebe – Sonne spendet ja angeblich Leben. Tatsächlich spendet sie nur Energie, die auch zum Tod führen kann.

Wer Inhalte vermitteln will, bedient sich häufig einfacher Vergleiche und vorurteilsbehafteter Begriffe. Aber man sollte sich davor hüten. Begeben wir uns daher erneut auf die Wahrheitssuche, was manchmal nicht ohne eine Prise Humor auszuhalten ist.

Die Farben des Wasserstoffs

Unter normalen Umweltbedingungen ist Wasserstoff ein unsichtbares Gas, leicht flüchtig und ungiftig. Man kann es ihm nicht ansehen, wie er entstanden ist, und man kann ihn auch nicht einfärben. Die Farben des Wasserstoffs sind daher eine Wortschöpfung, um nicht immer die ganze Geschichte erzählen zu müssen. Und damit ergibt sich die Gelegenheit zum Tricksen.

In der Tat lesen wir gelegentlich unglückliche Formulierungen wie „CO_2-freier Wasserstoff", um zu kennzeichnen, dass bei seiner Herstellung kein Treibhausgas in die Atmosphäre entlassen wurde. Aber zum einen könnte man meinen, es ginge dabei um die Reinheit des Produkts selbst, eben 100 % H_2, und zum anderen fängt die möglicherweise bewusste Verwirrung schon an. Ob ich nämlich das Kohlendioxid beim Prozess einfange oder ob beim Erzeugen des Stroms kein Kohlendioxid anfällt: Der Begriff wäre in beiden Fällen nicht falsch. Insofern wäre Atomstrom grundsätzlich geeignet, wenn – und jetzt kommt eine Windung dazu – er denn wirklich erzeugt werden könnte, ohne Kohlendioxid zu produzieren. Die Frage ist nämlich, ob man beispielsweise den Uranbergbau mitzählt. Elektroautos sind ja auch nicht „grün", solange ich den Strom teilweise mit Braunkohle und den Stahl für das Blech mit Kokskohle erzeuge. Wir haben uns eben sehr tief in einen Sumpf der Fossilen begeben und können uns daraus erst nach und nach wieder befreien.

Die EU-Kommission hat sich deshalb auch sehr schwergetan, überhaupt zu definieren, welche Art von Herstellungsprozess sie denn als wirklich klimaneutral anerkennen will. Als Laie stelle ich mir bei grünem Wasserstoff vor, dass ich den Elektrolyseur direkt an die Windmühle anschließe, und alles ist „öko". In der Realität beziehe ich aber die gewaltigen Mengen an benötigtem Strom über das Hochspannungsnetz, und darin finden sich womöglich sogar selbst 2023 noch winzige Mengen Atomstrom, weil ich gerade mal kurzfristig aus Frankreich billig importieren konnte. Außerdem weiß ich ja schon, dass man den Strom am besten direkt nutzen sollte. Also darf ich mit meiner Definition auch keine Anreize schaffen, die die Hersteller dazu anregen, den Strom lieber in Elektrolyseure zu leiten als ins Netz, außer natürlich, wenn das Netz überlastet ist. Nun könnte der Hersteller argumentieren, dass er mit einem Windkraftbetreiber einen Vertrag über eine bestimmte Energiemenge abgeschlossen hat, und wenn genau diese Menge umgesetzt würde, sei die Sache doch zumindest unter dem Strich – bilanziell – klar. Weit gefehlt, denn wenn Erzeugung und Verbrauch nicht gleichzeitig geschehen, muss ich bei Überproduktion überschüssigen Strom verbrauchen oder speichern und bei Mangel zusätzlichen Strom erzeugen. Also muss man noch eine zeitliche Abstimmung fordern. Sekundenweise, minutenweise, alle Viertelstunde? Kann nicht mal etwas einfach sein! Grün ist nicht gleich grün, aber immerhin gibt es sinnvolle Ansätze.

Die nächste Farbe, die aus verkaufstechnischen Gründen möglichst grün sein sollte, ist türkis. Damit bezeichnet man Wasserstoff aus der sogenannten Methanpyrolyse. Dabei wird Erdgas, das fast ausschließlich Methan (CH_4) enthält, in festen Kohlenstoff und Wasserstoff zerlegt. Der feste Kohlenstoff ist dann zwar in der Welt, aber man könnte ihn – ein Treppenwitz der Geschichte – in alten Kohlegruben lagern oder sogar zur Bodenverbesserung nutzen. Außerdem braucht man für die gleiche Menge Wasserstoff nicht einmal ein Viertel der Energie[166] im Vergleich zur Elektrolyse. Es gibt dabei aber zwei Haken, die das Ganze dann doch nicht so grünlich aussehen lassen. Zum einen holen wir das Methan natürlich weiterhin aus dem Boden, und dabei geht immer ein bisschen verloren. Nach Schätzungen sind es etwa 1,7 %[167], was zunächst wenig erscheint. Wenn man aber bedenkt, dass Methan vereinfacht gesagt in der Atmosphäre zwanzigmal mehr Wärmestrahlung zurückhält als CO_2, sieht die Sache schon etwas schmutziger aus. Zum anderen gibt es bisher im Wesentlichen ein einziges halbwegs funktionierendes Verfahren eines norwegischen Unternehmens, und der Rest der möglichen Prozesse ist noch im Forschungsstadium. So eine einseitige Abhängigkeit erweist sich eigentlich immer als Ausschlusskriterium. Zumindest dem ersten Haken könnte man beikommen, wenn man nicht fossiles Methan, sondern solches aus Biogas-Anlagen verwenden würde, der Wasserstoff wäre dann „orange"[168]. Allerdings wissen wir bereits, dass das mit den Erträgen und Bio nicht so toll ist und auch immer im Wettbewerb mit Ernährung steht. Sauberer ist auf jeden Fall Strom vom PV-Acker und dann Elektrolyse.

Mit dem roten Wasserstoff – manchmal auch pink – als nächster Farbe im Spektrum kommen wir so langsam in den Bereich der manipulativen Bezeichnungen. Rot signalisiert Gefahr, und die kann in der Öko-Szene natürlich vor allem vom Atomstrom ausgehen. Zusammen mit „grau" aus Erdgas, „braun" aus Braunkohle und „schwarz" aus Steinkohle gehört das in das Reich des Bösen. Die Gegenpartei versucht zu beschwichtigen, indem sie den grauen Wasserstoff vorschiebt – das klingt nicht so gefährlich – und ihn

---

166 www.energie-lexikon.info/methanpyrolyse.html

167 www.deutschlandfunk.de/methanverluste-lecks-in-der-oel-und-gasindustrie-100.html

168 www.erneuerbare-energien-hamburg.de/de/blog/details/wasserstoff-wir-brauchen-eine-farbenlehre-und-ein-nachweissystem-fuer-gruenen-wasserstoff.html

mit der heute vor allem verwendeten Dampfreformation herstellt, um dann das dabei anfallende Kohlendioxid abzuspalten, aufzufangen und im wahrsten Sinne des Wortes wegzudrücken. Schon hat man „blauen“ Wasserstoff und ist wieder im Bereich der Farben des Meeres.

Bleibt das Restproblem, wo man das Kohlendioxid lagert. Es ist unter Normalbedingungen gasförmig und damit nicht so leicht zu bändigen. Zumindest scheint man schon mal wieder technologieoffen, weil möglicherweise noch nicht genügend grüner Wasserstoff verfügbar ist. Aber wäre denn der blaue verfügbar? Greenpeace Energy kommt hier zu einer eher kritischen Bewertung[169], vor allem was die sogenannte CCS-Technologie angeht. CCS steht für „carbon capture and storage“, also Kohlenstoff einfangen und speichern. Was lässt sich halbwegs objektiv zu CCS sagen? Zitieren wir das Bundeswirtschaftsministerium (Achtung, nicht stolpern!): „Die Abscheidung des CO_2 regelt vor allem das Bundesimmissionsschutzgesetz, den Transport und die Speicherung das Kohlendioxid-Speicherungsgesetz (KSpG). Das KSpG lässt seit 2012 die Erforschung, Erprobung und Demonstration der CO_2-Speicherung in begrenztem Ausmaß zu. Dabei begrenzt es die Menge des jährlich zu speichernden CO_2 für Deutschland insgesamt sowie für die einzelnen Speichervorhaben. Zudem erlaubt das KSpG den Ländern gesetzlich zu bestimmen, in welchen Gebieten die Erprobung und Demonstration zulässig sein soll und in welchen nicht. Für die Zulassung konkreter Speichervorhaben ist nach KSpG eine Planfeststellung erforderlich. Diese steht im behördlichen Ermessen und ist an strenge Umweltanforderungen geknüpft. Unter anderem ist gegen Beeinträchtigungen von Mensch und Umwelt Vorsorge nach dem anspruchsvollen „Stand von Wissenschaft und Technik“ zu treffen. Die Betreiber der CO_2-Speicher sind

[169] green-planet-energy.de/fileadmin/docs/publikationen/Studien/blauer-wasserstoff-studie-2020.pdf

verpflichtet, umfangreiche Maßnahmen- und Monitoringkonzepte zu erarbeiten und anzuwenden. Die Zulassungsentscheidungen nach dem KSpG treffen die Landesbehörden."[170]

Wie klingt das für Sie? Man fühlt sich doch irgendwie an die Diskussion über das atomare Endlager erinnert, ganz nach dem Motto aus dem Roman „Die Feuerzangenbowle". Physiklehrer Bömmel: „Also, wat is en Dampfmaschin? Da stelle mehr uns janz dumm. Und da sage mer so: En Dampfmaschin, dat is ene jroße schwarze Raum, der hat hinten un vorn e Loch. Dat eine Loch, dat is de Feuerung. Und dat andere Loch, dat krieje mer später."[171] Also, das mit dem Endlager und dem CCS kriegen wir später, zumindest in Deutschland[172]. Bis dahin fangen wir schon mal an.

Da wir bereits Energieträger aus anderen Ländern importieren, könnte man auf die Idee kommen, unseren CO_2-Müll auch wieder ins Ausland zu verbringen. Und siehe da, Norwegen steht bereit[173] und will das Gas in tiefen Gesteinsschichten unter der Nordsee einlagern. „Ende März 2023 erteilte das norwegische Ministerium für Erdöl und Energie sogenannte Untersuchungsgenehmigungen für zwei potenzielle CO_2-Speicherstätten." Liest man beim Projektbetreiber[174] direkt nach, geht es im Moment um Lagerstätten im Gesamtumfang von weniger als 20 Millionen Tonnen – insgesamt. Die geplante Pipeline von Europa an das Bohrloch in der Nordsee soll eine jährliche Übertragungskapazität zwischen 20 und 40 Millionen Tonnen CO_2 bieten und vor 2032 betriebsbereit sein.

---

[170] www.bmwk.de/Redaktion/DE/Artikel/Industrie/weitere-entwicklung-ccs-technologien.html

[171] www.heidecker.eu/Ruehmann/Ruehmann_DFeuerzangenbowleZitate.htm

[172] www.umweltbundesamt.de/themen/wasser/gewaesser/grundwasser/nutzung-belastungen/carbon-capture-storage#ccs-im-clean-development-mechanism-cdm

[173] www.gtai.de/de/trade/norwegen/branchen/norwegen-soll-europas-kohlenstoffspeicher-werden-999358

[174] ccsnorway.com/status-june-2023-longship/

Zum Vergleich: Der deutsche Jahresausstoß von CO_2 beträgt gegenwärtig gut 600 Millionen Tonnen. Die Größenordnungen relativieren diese Anstrengungen erheblich. Aber ähnliche Missverhältnisse bestehen aktuell auch noch bei der geplanten Elektrolyseurkapazität für Wasserstoff und dem tatsächlichen Bedarf. Insofern erscheint das Versenken von Kohlendioxid nicht ganz abwegig. Bis die Menschheit allerdings Treibhausgase im industriellen Maßstab neutralisieren kann, werden sicher noch ein paar Jahrzehnte vergehen. Die Umwandlung mithilfe von Basaltstaub werden wir noch im Abschnitt über negative Emissionen behandeln.

Fassen wir es also ganz kurz zusammen: Grüner Wasserstoff wird wohl klappen, sofern wir oder unsere Lieferländer genügend Strom aus Sonne, Wind und Wasserkraft haben. Die Technologien sind vorhanden und weitgehend ausgereift. Blauer Wasserstoff wird erst dann klimafreundlich, wenn wir das Problem der CO_2-Endlagerung so behoben haben, dass ein Ausgasen der Lagerstätten ausgeschlossen werden kann. Da das Lagerstätten-Thema auch bei unterirdischen Wasserstoff-Speichern besteht, sind Blau und Grün technologisch eher gleich auf. Solange wir allerdings dauerhaft Kohlendioxid produzieren, bräuchten wir unendlich große Lagerstätten, und das Problem der endlichen Möglichkeiten kennen wir ja schon: Irgendwann ist alles alle, auch der Platz. In diesem Sinne kann grüner Wasserstoff nachhaltig sein, blauer nicht wirklich, aber vielleicht kann er für eine Zeitlang aushelfen. Andere Farben darf man gerne nennen, aber im Zusammenhang mit Wasserstoff in Deutschland sind sie nicht zukunftsweisend. Nur schön bunt.

Grünes Wachstum

Jetzt wird es unangenehm, denn wir kratzen an Glaubenssätzen. Kann es grünes Wachstum geben, oder ist das nur Pfeifen im dunklen Wald? Die Frage, die wir zu klären haben, lautet, ob die Wirtschaft wachsen kann, ohne dass wir mehr Ressourcen benötigen – außer vielleicht mehr grüne Energie und Fachleute. Dahinter verbirgt sich indirekt auch die Frage, ob wir denn Wirtschaftswachstum im Sinne der Zunahme materieller Güter überhaupt für unser Wohlergehen brauchen. Die Antworten auf diese Fragen fallen derart unterschiedlich aus, dass man sich an andere grundsätzliche historische Konflikte erinnert fühlt. Sehen wir uns die beiden Ecken des Boxrings einmal näher an.

Auf der einen Seite stehen die Verfechter einer wie auch immer gefärbten Marktwirtschaft, die angeblich ein Maximum an Freiheit und ein Minimum an Regulierung benötigt. Es gibt in dieser Ecke auch die gemäßigten Kontrahenten, die die Notwendigkeit sehen, dass bestimmte Regeln einzuhalten sind, beispielsweise in der Sozialfürsorge oder beim Umweltschutz. Geld regelt dann nicht alles, aber alles lässt sich scheinbar in Geld messen. Umweltschäden lassen sich durch Versicherungssummen charakterisieren, schlechte Arbeitsbedingungen äußern sich in steigenden Krankenkassenbeiträgen. Wenn ich im Ausland billiger produzieren oder einkaufen kann, werde ich das tun. Der Konsum, das Geldausgeben, hält die Maschinerie am Laufen. Das Bruttoinlandprodukt als Summe aller produzierten Waren und erbrachten Dienstleistungen muss kontinuierlich steigen. Wenn nicht, wenn es zu einer Rezession kommt, droht vermeintlich der finanzielle und soziale Kollaps. Weil das so ist, kann man auf die Klimakrise nur so antworten, dass das System unverändert bleibt und umweltverträglich umgebaut wird. Grüne Energie und Klimaschutz sind Wachstumsbranchen, den Rest regelt der Markt, notfalls eingedämmt über CO_2-Abgaben und passende Steuern. Gegenwärtig sind wir eigentlich alle auf diesem Weg, auch mit diesem Buch.

Auf der anderen Seite stehen die Verfechter einer deutlichen Mäßigung, sowohl hinsichtlich des Ressourceneinsatzes als auch hinsichtlich der Ungleichheit in der Welt. Das Hauptargument lautet, dass es in einer endlichen Welt kein unendliches Wachstum geben kann, auch kein grünes. Wachstum an sich ist ein Irrweg, der uns in den Untergang führt. Mehr Reichtum in den Händen von immer weniger Auserwählten ist ein Sündenfall, der am Ende viele Opfer kosten wird. Wachstum ist auch nicht nötig, damit wir alle ein glückliches und zufriedenes Leben führen können. Reichtum ab einer gewissen Grenze hat nichts mehr zu tun mit dem, was man unter Wohlstand versteht. Die gängigen Konzepte der Volkswirtschaftslehre entbehren jeglicher wissenschaftlichen Basis und haben eher etwas mit Religion als mit Wissenschaft zu tun. Die Erfahrungen der letzten Jahre mit den Finanzkrisen, den Konflikten zwischen Staaten und der um sich greifenden Umweltzerstörung erscheinen als Beleg dafür, dass sich die Lehrsätze alle als falsch erwiesen haben und wir uns vollkommen neu ausrichten müssen. Der Markt als unsichtbare Hand hat versagt. Es geht um nichts weniger als eine neue Wirtschaftsordnung. Das klingt nach starkem Tobak. Das Publikum um den Ring herum hat denn auch schnell seinen Favoriten gekürt, und der steht auf der anderen Seite. Der Widersacher wird mit Pfiffen bedacht. Die Wogen schlagen hoch, und sie spülen die Sachlichkeit aus dem Saal. Kann denn Wahrheit derart unbequem sein?

Wer sich mit Volkswirten aus der Wissenschaftsszene unterhält, muss leider feststellen, dass ein anderes System als das jetzige kaum denkbar erscheint. Praktisch niemand in der Fachwelt kann sich ein niedrigeres Konsum- und Verbrauchsniveau vorstellen, zumal wir bei beständigem Wachstum ohnehin kein Plateau, sondern einen instabilen Zustand in der Wirtschaft haben. Als Elektroingenieur kratzt man sich am Kopf und fragt sich, bei wem diese Leute Systemtheorie gelernt haben. Jedes Wachstum in der Welt der Dinge endet irgendwann, weil es an die Systemgrenzen stößt. Bäume wachsen tatsächlich nicht in den Himmel. Wir akzeptieren wie selbstverständlich, dass der Wasserspiegel in unserer Badewanne kontinuierlich steigt, wenn wir den Ablauf verschließen und den Wasserhahn aufdrehen. Irgendwann ist die Wanne eben voll. Was sollte in der Wirtschaft anders sein?

Nun kann man sich über den Sinn von Wachstum streiten, bis sich das Thema so oder so erledigt hat. Es gibt nur die wissenschaftliche Methode, um hier schneller zu einer vernünftigen Diskussionsgrundlage zu kommen. Was ist Sache mit dem Wachstum, und können wir irgendwie eine bessere Planungsgrundlage schaffen?

Nehmen wir einmal an, Sie planen den Bau eines Einfamilienhauses. Im Vordergrund steht zunächst eine Wunschvorstellung, wo man wohnen will, wie das Haus aussehen soll, wann man einziehen will. Dann kommt die Frage, ob man sich das leisten kann. Sie gehen also in sich und machen Kassensturz. Wie viel Geld habe ich, was werden Haus und Grundstück kosten, wie viel Kredit brauche ich von der Bank und was wird er kosten, wie wird sich mein Einkommen entwickeln, hält meine Beziehung die Belastungen aus? Es gibt so viele Unwägbarkeiten in diesem ganzen Prozess, die sich nach Fertigstellung und Bezug noch zwanzig bis dreißig Jahre hinziehen können, dass jede Planung irgendwie unsinnig und jede Berechnung allenfalls interessant erscheint. Und dennoch: Die Bank wird mit Ihnen genau berechnen, ob das Projekt überhaupt Aussicht auf Erfolg hat. Im Angesicht der Zahlen wird dann so manchem Bauherrn und so mancher Bauherrin erst der ganze Ernst der restlichen Lebensplanung klar. Der Kredit bedeutet also, dass ich Monat für Monat eine feste Summe für Zinsen und Tilgung aufbringen muss, und das womöglich bis zur Rente. Mit der Unterschrift unter die Verträge bestätigt man mit einer gewissen Endgültigkeit, dass das nun so sei. Aber merkwürdigerweise ist bis dahin noch kein Grundstück planiert und kein Stein gesetzt, und trotzdem haben wir eine Vorstellung von der Zukunft, dank ein paar Rechenaufgaben. Und mit denen geht es weiter, wenn das Ingenieurbüro die Tragfähigkeit des Mauerwerks und den Wärmebedarf des Hauses ermittelt. Nichts davon ist zum Zeitpunkt der Planung Realität, alles sind nur ein paar Zahlen und auf Formeln gestützte Theorie. Dennoch tun alle so, als ob das nun so kommen wird. Es geht nicht besser, das bloße Rumprobieren wäre auch keine Lösung.

Im Jahre 1972 veröffentlichte der Club of Rome, dessen Gründungsmitglieder – Achtung – alles angesehene weiße, ältere und männliche Vertreter von Unternehmen und Wissenschaft waren[175], den Bericht zu den „Grenzen des Wachstums". Schon der Titel, im Original „The Limits to Growth", dürfte für viele Menschen eine derartige Provokation gewesen sein, dass man sich gar nicht erst der Mühe unterzog, das Buch zu lesen oder sich gar mit den Details zu befassen. Da konnte schon nichts Vernünftiges drinstehen, obwohl die Volkswagenstiftung die Untersuchung finanziert hatte[176]. Damit durften sich in den Führungsetagen die Assistenten auseinandersetzen, man überflog dann die Zusammenfassung. In der Wahrnehmung eines damals Fünfzehnjährigen, massiv beeinflusst durch den öffentlichen Gegenwind, war die zentrale Aussage der Autoren, dass uns bald das Öl ausgehen werde. Das konnte offenbar widerlegt werden, insofern ging die schweigende Mehrheit für lange Zeit zur Tagesordnung über. Das Buch war in der Welt, aber irgendwie schien alles nur eine Art Computerspiel und graue Theorie. Wir kennen das schon von der Klimaforschung.

Man muss sich das mal auf der Zunge zergehen lassen: Die gleichen wissenschaftlichen Methoden und Werkzeuge, die gleiche Computerleistung und die gleiche Art der Systembeschreibungen, mit denen man 1969 auf dem Mond gelandet war, wurden nun drei Jahre später bei den Berechnungen zur Zukunft unseres Planeten mit Kübeln von Unrat übergossen, weil das Ergebnis vielen Leuten nicht passte. Es war auch nicht irgendein wissenschaftliches Institut in irgendeinem Land, das zu diesen Aussagen kam, sondern mit

---

[175] www.clubofrome.org/history/

[176] www.volkswagenstiftung.de/de/veranstaltungen/die-grenzen-des-wachstums-sind-erreicht-wie-geht-es-weiter

dem hoch angesehenen US-amerikanischen Massachusetts Institute of Technologie (MIT) eine der führenden naturwissenschaftlich-technischen Forschungseinrichtungen weltweit. Wie konnte es der Gegenpropaganda dennoch gelingen, das Thema zumindest in den Köpfen der normalen Bürgerinnen und Bürger derart klein zu kochen? Darauf gibt es wohl mehrere Antworten. Die Ölkrise 1973 lenkte plötzlich die öffentliche Wahrnehmung auf eine unserer Ressourcen, und als das Problem halbwegs gelöst war, erschien auch alles andere als irgendwie machbar. Zudem war die Wissenschaftskommunikation damals noch nicht so ausgeprägt, wie sie das heute von vielen Fachleuten für unbedingt nötig gehalten wird. Man konzentrierte sich in den Hochschulen zu sehr auf die Fachwelt. Verständliche Sprache verringerte vermeintlich die Autorität der Wissenschaft. Die dritte Option: Mit so einem Ansatz ließen sich deutlich weniger wirtschaftliche und strategische Vorteile erzielen als mit dem Mondflug.

Das damals verwendete Planungs- und Simulationswerkzeug ist eigentlich ziemlich einfach zu erklären. Wir haben ein Bündel von Zahlenwerten, die jeweils eine gewisse Menge darstellen, sozusagen einen Speicher. Das können Geldmittel, Nahrungsmittel, Wasser, Rohstoffe, Energie oder die Anzahl der Menschen sein. Diese Speicher stehen untereinander in Verbindung und tauschen sich aus. Wenn ich heute weiß, dass die Nahrung knapp wird, muss sich das irgendwie in der Anzahl der Menschen äußern. Wenn mir der Dünger fehlt, werde ich weniger Nahrung produzieren. Habe ich weniger Fachkräfte, kann ich weniger herstellen, brauche aber auch weniger Energie und Rohstoffe. Dieses Geflecht von Beziehungen untereinander muss ich dann noch im Detail ausformulieren: Was bedeutet ein Mehr an Nahrungsmitteln für das Bevölkerungswachstum? Im einfachsten Fall ist der Zusammenhang linear, das bedeutet beispielsweise, dass ich für je 2.500 Kilokalorien pro Tag einen Menschen zusätzlich auf der Erde ernähren kann. Für 0,62 € kann ich ein Kilogramm Dünger kaufen, und so weiter. Wenn ich das Bevölkerungswachstum berechnen will, brauche ich die mittlere Geburten- und Sterberate, und jetzt wird es schon schwieriger, denn da gab es in den vergangenen Jahren deutliche Veränderungen, sodass ein einfacher Zahlenwert zu den falschen Ergebnissen führen würde. Natürlich ist auch Nahrungsmittel nicht gleich Nahrungsmittel, sodass man genau genommen die verschiedenen Nahrungsbestandteile abspeichern müsste und es vermutlich auch eine Wechselbeziehung mit der Sterberate gibt. Damit waren die Computer 1972 noch restlos überfordert, weil der Rechenaufwand stark mit der Anzahl der abgespeicherten Größen ansteigt: Jede Größe hängt mit jeder anderen irgendwie zusammen. Sie kennen das wahrscheinlich von den „Pärchen" beim Anstoßen in geselliger Runde: Zwei Menschen stoßen einmal an, vier schon sechsmal und 20 würden 190-mal anstoßen, was man dann besser lässt. Wenn ich jetzt anstatt nur eines Speichers für die Anzahl verfügbarer Kalorien pro Kopf auch noch zwischen Kohlenhydraten und Eiweiß unterscheiden müsste, würde das Problem nach und nach zu wochenlangen Berechnungen führen. Für heutige Computer ist das allerdings ein Klacks mit ihrer mehr als tausendfachen Geschwindigkeit.

Wie läuft die Berechnung ab? Sobald man den Computer mit den aktuellen Zahlenwerten für Bevölkerungszahl, Geldmenge, Energieproduktion und weitere gefüttert hat und alle Wechselbeziehungen mit Formeln hinterlegt sind, kann man starten und berechnet aus den Werten für heute die Werte von morgen und aus diesen die Werte von übermorgen, und zwar – und das ist die mathematische Herausforderung – alle gleichzeitig für einen Zeitpunkt. Man kann die Werte ja nicht nacheinander ermitteln, weil die eine Größe die andere Größe womöglich zum gleichen Zeitpunkt mitbestimmt. Die mathematischen Methoden zur Lösung solcher Fragestellungen sind zwar seit Jahrhunderten bekannt, aber für so viele Speicherwerte nicht praktikabel. Dazu braucht man den Computer, sonst rechnet man sich einen Wolf. Nun weiß jeder, der sich mit solchen Berechnungen befasst: Das alles ist nicht die Wirklichkeit – siehe unser Beispiel für den Hausbau –, sondern nur graue Theorie. Unser Schiedsrichter ist deshalb die Messung: Was sagt die reale Welt? Dabei kann man die Vorhersagekraft deutlich verbessern, wenn man in der Vergangenheit startet, die Gegenwart ausrechnet und dabei sein Modell an dieser bekannten Wirklichkeit nachjustiert. Damit waren wir bei den Klimamodellen schon sehr erfolgreich und können heute über sehr lange Zeiträume die Daten aus den Eisbohrungen bestätigen.

Auch der Club of Rome hat sein Weltmodell ständig verbessert, und die letzte ausführliche Überprüfung stammt aus dem Jahr 2020[177]. Aus der Vielzahl möglicher „Zukünfte" hatten schon die Autoren 1972 vier sehr unterschiedliche Fälle herausgegriffen. Insbesondere von den Kritikern wurde immer wieder auf das Modell „business as usual", also „wie gewohnt" (BAU) zurückgegriffen. Dabei wurde behauptet, der Zusammenbruch sei von den Autoren für 1990 vorausgesagt worden und der sei ja nun nicht eingetreten. Diese Darstellung ist nicht wahr, BAU sagt einen krisenhaften Einbruch etwa für das Jahr 2020 voraus, der so nicht stattgefunden hat, weil die Ressourcen nicht so schnell aufgebraucht waren, wie man im Modell angenommen hatte. Es gab aber auch 1972 schon ein Modell BAU2 mit dem Doppelten der damals bekannten natürlichen Ressourcen. In diesem Fall erweist sich die rasant zunehmende Verschmutzung des Planeten als begrenzender Faktor, der etwa 2040 zum weitgehenden Zusammenbruch des Systems führt.

Die dritte Variante bei den Berechnungen war "comprehensive technology" (CT), zu Deutsch etwa „umfassende Technologie", was heißen soll, dass wir mit außerordentlich massiven Innovationsanstrengungen versuchen, die Krise zu bewältigen. Dieser Ansatz kommt unseren Bemühungen bei der Energiewende am nächsten, zumal er schon mit den doppelten natürlichen

---

[177] onlinelibrary.wiley.com/doi/abs/10.1111/jiec.13084

Ressourcen und damit realistischeren Annahmen arbeitet. Auch hier gibt es 2040 eine Zäsur in der Industrieproduktion, die Verschmutzung bleibt aber moderat und nimmt nach 2050 wieder ab. Bemerkenswert ist, dass die Weltbevölkerung sich in diesem Modell stabilisiert, sodass man nicht von einem Kollaps, sondern eher von einer Landung sprechen kann. Die vierte Variante „stabilisierte Welt“ (SW) modelliert weitgehende aktive Veränderungen in unserer Gesellschaft. Sie geht im Grunde von neuen Zielsetzungen und Verhaltensmustern der Weltgemeinschaft aus, was ein bisschen blauäugig ist. Die besten Übereinstimmungen mit den tatsächlichen Werten, also der realen Welt, liefern die Modelle BAU2 und CT, während BAU überholt ist und SW bisher nicht erreicht wurde. Wir sind also wahrscheinlich auf einem Weg, der bei geringerer Industrieproduktion, also gebremstem Wachstum, in einen halbwegs lebenswerten Zustand führen kann. Dazu wären historisch einmalige Anstrengungen erforderlich, die nicht mit einem grünen Wachstum allein erreicht werden. Ein solches Wachstum führt uns wohl trotz Ideenreichtums an die Grenzen der Ressourcen. Aber dafür gibt es leider nicht mehr als gute Indizien, was dennoch reichen sollte, um nachdenklich zu werden.

Als Rettung und unabdingbarer Bestandteil eines grünen Wachstums lautet das Stichwort Kreislaufwirtschaft. Man hört in diesem Zusammenhang immer wieder, die Natur würde keinen Müll kennen, sondern alles wiederverwenden. Sie sei das große Vorbild. In der Tat erweisen sich Pilze, Algen und Bakterien als sehr eifrig, wenn es darum geht, einen Stoff durch Umbau der Atombindungen in einen anderen Stoff umzuwandeln. Mit den Kräften in der Erdkruste werden außerdem Steine umgeschmolzen und weitere Stoffe freigesetzt. UV-Strahlung, Wind und Wasser zerlegen Stoffe mechanisch. Am Ende bleiben Atome und Moleküle, die wie ein Baukastensystem neu zusammengesetzt werden können. Die Wiederverwendung ist tatsächlich vollständig, Stoffe können nicht aus dem Nichts entstehen oder im Nichts verschwinden. Im Unterschied zur Kreislaufwirtschaft ist das ein Naturgesetz und der Vergleich mit unseren Recyclinganlagen eine menschliche Anmaßung. Die Geschichte von unseren großartigen Möglichkeiten in einer naturgleichen „grünen" Kreislaufwirtschaft wird trotzdem weitererzählt.

Kleine Nebenbemerkung: Manchmal dauert die Wiederverwendung durch natürliche Mechanismen etwas länger. Leider haben wir Menschen es nämlich geschafft, sehr stabile chemische Verbindung herzustellen, die sogenannten „ewigen Chemikalien"[178]. Dazu zählen DDT[179] oder die gegenwärtig sehr stark diskutierten PFAS[180], zu denen auch Polytetrafluorethylen, kurz Teflon©, gehört. Alle diese Stoffe haben Zerfallszeiten von vielen Jahren oder Jahrzehnten. Ewig ist das trotzdem nicht, also Vorsicht bei der dramatischen Wortwahl. Ob die Chemikalien uns überleben werden oder wir die Chemikalien, ist noch nicht ausgemacht.

Welche Recyclingquoten erreichen wir denn nun wirklich, und was bedeutet das für unsere Ressourcen? Wir müssen schon genau hinsehen, was uns – man achte auf die Wortwahl in den Zitaten – als Recycling oder Wiederverwendung verkauft wird. „Im Jahr 2016 wurden in Deutschland rund 50 Prozent der erzeugten NE-Metalle aus Altmetall gewonnen." Das ist mal eine klare Aussage. NE-Metalle umfassen Kupfer, Zink, Blei, Nickel, Aluminium und

---

178 www.verbraucherzentrale.de/wissen/umwelt-haushalt/produkte/ewigkeitschemikalien-pfas-wo-sie-stecken-warum-sie-problematisch-sind-81811www.verbraucherzentrale.de/wissen/umwelt-haushalt/produkte/ewigkeitschemikalien-pfas-wo-sie-stecken-warum-sie-problematisch-sind-81811

179 www.lgl.bayern.de/lebensmittel/chemie/pflanzenschutzmittel/ddt/index.htm#:~:text=zu%20diesem%20Thema-,Was%20ist%20DDT%20%3F,Wirkung%20allerdings%20erst%201939%20entdeckt.

180 www.uni-giessen.de/de/ueber-uns/pressestelle/pm/pm50-23pfas

Magnesium[181]. Das Problem ist nur, dass die Quote nach jedem Produkt-Lebenszyklus durchmultipliziert wird, das hatten wir weiter oben schon mal diskutiert. Wird die Hälfte zurückgewonnen und wiederverwendet, ist nach dreimaligem Recycling noch ein Achtel des Ursprungsstoffs übrig. Sieben Achtel mussten wir neu gewinnen. Deshalb sollten wir um jeden Prozentpunkt kämpfen, denn die Mathematik kann gnadenlos sein. Das Recycling wird am Ende auch einen wichtigen Beitrag zur Verminderung des Energiebedarfs leisten. „Die Erzeugung aus sekundären Rohstoffen ... ist in der Regel mit einem wesentlich geringeren Energieverbrauch verbunden. Im Falle von Aluminium wird dies besonders deutlich: Dort liegt die Einsparung gegenüber der Primäraluminiumproduktion bei circa 95 Prozent."[182]

„Die Abfallwirtschaft verwertet die gesammelten Kunststoffabfälle nahezu vollständig. Im Jahr 2021 hat sie knapp 35 Prozent aller gesammelten Kunststoffabfälle werkstofflich und 0,4 Prozent rohstofflich oder chemisch verwertet. 64 Prozent der Abfälle wurden energetisch verwertet. Aus Klima- und Umweltschutzsicht ist es wichtig, mehr Kunststoffabfälle werkstofflich zu verwerten."[183] Wer den ersten Satz liest und dann aufhört, könnte meinen, die Welt sei doch vollkommen in Ordnung. Dass wir zwei Drittel der Kunststoffe schlicht verbrennen und dabei Treibhausgas erzeugen, wird erst auf den zweiten Blick klar. Hier betreibt jemand Augenwischerei. „Im Jahr 2015 haben Behälterglashersteller in Glaswannen durchschnittlich 60 % Scherben eingesetzt, bei Grünglas sogar

---

[181] de.statista.com/statistik/daten/studie/238100/umfrage/recyclinganteil-in-der-ne-metallindustrie-in-deutschland/

[182] www.umweltbundesamt.de/themen/wirtschaft-konsum/industriebranchen/herstellung-verarbeitung-von-metallen/nichteisenmetallindustrie#energie-und-materialeffizienz-

[183] www.umweltbundesamt.de/daten/ressourcen-abfall/verwertung-entsorgung-ausgewaehlter-abfallarten/kunststoffabfaelle#kunststoffe-produktion-verwendung-und-verwertung

bis zu 90 %."[184] Hier wieder klare Worte. Denken Sie bitte an sortenreine Trennung des Glases, wenn Sie das nächste Mal vor dem Container stehen. Was nicht weiß oder braun ist, kann zum Grünglas. Endlich kann man mal selbst was tun. Fällt Ihnen etwas auf? Bei den ganzen Positivmeldungen sind wir ziemlich weit weg von einer vollständigen Wiederverwertung wie durch die Natur. Und man hat den Konsumenten beschäftigt. Die Kreislaufwirtschaft, so positiv und notwendig sie auch sein mag, kann uns zwar Aufschub verschaffen, wird aber das Problem nicht lösen, wenn wir dauerhaft weiterwachsen.

Resümee: Grünes Wachstum, eine Fortsetzung des bestehenden Systems mit anderen Mitteln, sollte man vorsichtshalber nur als eine Illusion ansehen, denn unser Planet ist und bleibt endlich. Diese Erkenntnis führt bei einigen Menschen zu starken Gefühlsausbrüchen. Die eine Gruppe versucht, die Möglichkeit des Scheiterns grundsätzlich zu leugnen; man hat sich gerade in seinem Leben so gut eingerichtet, und nun kommen diese Eierköpfe, um uns in einen Öko-Kommunismus zu führen, alles Klima-Bla-Bla. Eine andere Gruppe verlegt sich auf Appelle an das Mitgefühl und die Vernunft; sie träumt sich verzweifelt in eine bessere Zukunft, in der das Gute schon gegen die Gier siegen wird und alle Menschen Brüder und Schwestern werden. Eine dritte Gruppe meint, sie sähe den Tatsachen ins Auge, dass das mit der Menschheit auf diesem Planeten nichts mehr werden kann; man bringt daher seine Schäfchen schon mal ins Trockene, wie es jeder gute Hirte tun würde. Das Experiment Großhirn scheint gescheitert zu sein.

Weltuntergang und Technikglaube

„Davon geht die Welt nicht unter, sieht man sie manchmal auch grau. Einmal wird sie wieder bunter, einmal wird sie wieder himmelblau.

---

[184] www.umweltbundesamt.de/daten/ressourcen-abfall/verwertung-entsorgung-ausgewaehlter-abfallarten/glas-altglas#altglassammlung-mit-tradition

Geht mal drüber und mal drunter, wenn uns der Schädel auch graut. Davon geht die Welt nicht unter, sie wird ja noch gebraucht."[185]

Es ist einer dieser Liedtexte, der einem das Blut in den Adern gefrieren lassen kann, gesungen von Zarah Leander in einem Nazi-Propagandafilm von 1942. Am Ende sollte der Krieg allein in der Sowjetunion 24 Millionen Todesopfer fordern[186]. Man könnte jetzt reichlich zynisch fragen: Und? Ist die Welt untergegangen? Für viele Überlebende dürfte die Antwort trotzdem ein „Ja" sein.

Die Menschheit hat noch immer eine Lösung gefunden. Das ist der zweite Spruch, den man gerne mal hört, wenn sich angesichts der vorausgesagten klimatischen Bedrohungen und der Langsamkeit des Fortschritts bei ihrer Eindämmung eine gewisse Hoffnungslosigkeit breit macht. In der Tat wird die Welt gebraucht, aber Hoffnung allein ist ein trügerisches Beruhigungsmittel. Es bedarf schon noch des Handelns. Malen wir also mal ein paar mögliche Bilder an die Wand, ein paar düstere und ein paar hellere. Es dürfte im Sinne der Hoffnung sein, wenn wir mit dem schwärzesten Bild anfangen.

Unser Heimatstern, die Sonne, ist etwa 5 Milliarden Jahre alt. Sie wird uns noch etwa 2 Milliarden Jahre lang so mit Energie versorgen, dass ein Leben auf der Erde möglich ist[187]. Die Erde entstand wohl wenig später als die Sonne, primitives Leben können wir vor 3,5 Milliarden Jahren verorten[188], höheres Leben ist etwa 0,5 Milliarden Jahren alt[189]. Nehmen wir also an, dass ein paar

---

185 www.songtexte.com/songtext/zarah-leander/davon-geht-die-welt-nicht-unter-g1bb5a918.html

186 de.statista.com/statistik/daten/studie/1055110/umfrage/zahl-der-toten-nach-staaten-im-zweiten-weltkrieg/

187 www.dlr.de/next/desktopdefault.aspx/tabid-6572/10788_read-24352/

188 www.mpg.de/8896172/mpi-bgc_jb_2014

189 www.bpb.de/system/files/dokument_pdf/Arbeitsblaetter_Erdzeitalter_BpB.pdf

höhere Lebewesen auch die größte menschengemachte Umweltkatastrophe überleben würden, hätte die Natur noch Zeit, ein zweites Experiment der Evolution zu starten, bevor die Sonne ihr einen Strich durch die Rechnung macht. Wenn Sie das nicht wirklich als tröstlich empfinden, sollten wir direkt zum nächsten Bild weitergehen.

Nehmen wir an, wir schaffen es, die CO_2-Konzentration in der Atmosphäre bei 500 ppm zu begrenzen, dann ähnelt das Klima auf der Erde eher dem vor 40 - 15 Millionen Jahren. Nur zur Erinnerung: Wir sind vor der Industrialisierung bei etwa 280 ppm gestartet und liegen jetzt bei 420 ppm, macht 140 ppm Differenz oder praktisch zwei Drittel auf dem verkehrten Weg, sodass man 500 ppm schon als Leistung bezeichnen könnte. So ein Wert von 500 ppm wäre vergleichbar mit dem Erdzeitalter des Miozän, 5 bis 6 Grad höheren Temperaturen, meist eisfreien Polen und ungefähr 25 m höherem Meeresspiegel[190]. Dann sind weltweit alle Küstenorte einschließlich Shanghai, Mumbai, Rio der Janeiro, Amsterdam, Sydney, New Orleans und New York verschwunden und die Nordsee reicht etwa bis Düsseldorf. Wie praktisch! Das beträfe in Deutschland mindestens 10 % der Bevölkerung, deren Siedlungsgebiet einfach weg wäre, in den Niederladen übrigens 100 %. Es dürfte insgesamt tropisch sein, auf den großen Kontinenten teilweise auch deutlich trockener. Die heftigen Regenfälle beträfen dann zusätzlich alle Siedlungsgebiete in den Flussniederungen. Tierarten und Krankheiten aus den Tropen dürften sich bis in die nördlichen Industrienationen ausbreiten. Wir wissen zwar nicht, ob der Mensch mit so einem Klima zurechtkäme, weil er im Miozän noch nicht gelebt hat, aber angesichts seiner Ausbreitung auf der Erde wäre ein Überleben eher wahrscheinlich. Unser Planet wäre also zumindest noch bewohnbar, wahrscheinlich von

[190] www.scinexx.de/news/geowissen/co2-zuletzt-vor-15-millionen-jahren-so-hoch-wie-heute/

Menschen aus Afrika, die eine größere Vielfalt aufweisen als der ganze Rest der Welt. Nationen dürften sich unter solchen Bedingungen allerdings aufgelöst und neugebildet haben, sodass sich wohl auch alle sozialen, politischen, wirtschaftlichen und militärischen Strukturen erledigt hätten. Das wäre zwar nicht das erste Mal in der Menschheitsgeschichte, aber ohne Blut, Schweiß, Mühsal und Tränen ginge das sicher nicht ab. Setzt man die jetzigen Steigerungsraten beim Kohlendioxid gleichmäßig fort, wäre damit so ab etwa 2060 zu rechnen. Wann tritt das in Kraft? „Das tritt – nach meiner Kenntnis – ist das sofort, unverzüglich." Die deutsche Geschichte grüßt aus dem Jahr 1989, also vor 35 Jahren. Rechnen Sie mal ein wenig in die Zukunft. 2059.

Was ist denn nun mit den sogenannten Kipppunkten[191] im Klima? Sie sind dadurch gekennzeichnet, dass durch selbstverstärkende Effekte bestimmte Veränderungen zunächst unumkehrbar erscheinen. Als prominentestes Beispiel gilt die Abschwächung bzw. sogar das Abreißen des Golfstroms oder genauer der Atlantischen Umwälzzirkulation, die bisher Europa mit Wärme versorgt. Wenn hier durch das Abschmelzen des Grönlandeises der Salzgehalt des Meerwassers abnimmt, könnte das sich Richtung Norden immer weiter abkühlende Wasser nicht mehr absinken und die Pumpe würde stottern. Ein weiteres Beispiel ist das Auftauen der Dauerfrostböden in Sibirien, das dadurch eine Vorwärtsverstärkung in Gang setzt, dass große Mengen des Klimagases Methan durch Verwesungsprozesse in die Atmosphäre entweichen. Alle diese Effekte würden das obige 500-ppm-Bild nur in Einzelheiten verändern, aber die grundsätzliche Wirkung auf die menschliche Zivilisation wäre wohl vergleichbar. Kipppunkte haben die unangenehme Eigenschaft, dass sie wie eine Balkenwaage reagieren: Ein sehr kleines zusätzliches Gewicht sorgt dafür, dass sie zu einer

---

191 www.pik-potsdam.de/~stefan/Publications/Kipppunkte im Klimasystem - Update 2019.pdf

Seite kippt. Insofern können schon 0,1 Grad den Ausschlag geben, was den Druck auf die Energiewende noch verstärkt. Wissen kann auch bedrückend sein für die Wissenden. Daher sollten die Fachleute kurz innehalten und sich fragen, ob auf dem Weg der Gedanken von der tiefen Sorge über die Existenzangst bis zur Panik die Handlungsbereitschaft der Mitmenschen möglicherweise abnimmt. Wenn man ohnehin nichts mehr tun kann, muss man auch nichts mehr tun. Aber kann man nichts mehr tun? Das wissen wir alle nicht.

Gehen wir also weiter zum nächsten Bild. Dafür bremsen wir jetzt schärfer und bleiben um die 2-Grad-Marke. Das knirscht dann schon gewaltig bis zum Ergebnis, Hell und Dunkel dieses Bildes stehen in scharfem Kontrast. Niemand sollte glauben, dass eine solche Welt aussieht wie heute. Einige Länder, die jetzt schon benachteiligt werden, sind wahrscheinlich deutlich betroffen. Die Industrienationen im sogenannten globalen Norden kommen eher mit einem blauen Auge und ein paar gebrochenen Rippen davon und müssen anderen sehr viel stärker helfen. Es ist der Weg, den wir uns mit der Energiewende in Europa vorgenommen haben, nur in der konsequenten Variante. Im Grunde kennen Sie schon die Einzelheiten aus dem bisherigen Buch, und wenn man mal die Bedenken zur Seite räumt und sich ein wenig Optimismus vornimmt, sind die Aussichten gar nicht so schlecht. Natürlich gibt es auch Kritiker, die vor dem Bild stehen und damit gar nichts anfangen können. Die hätten lieber etwas in Weiß und Pink vor grünem Hintergrund. Mit Einhorn.

Einer der Hauptvorwürfe an den Club of Rome war 1972, dass man bei den Berechnungen von begrenzten Ressourcen ausgegangen sei. Die menschliche Fantasie sei aber unbegrenzt, und bisher hätten Naturwissenschaft und Technik immer rechtzeitig die Kurve gekriegt. Das Vertrauen ehrt die Zunft der Entdecker, Erfinder und Entwickler, auch der weiblichen. Allerdings entbehrt es nicht einer gewissen Tragik, dass ausgerechnet zwei der bedeutendsten Erfindungen der Technikgeschichte, nämlich die Dampfmaschine und der Verbrennungsmotor, nun ein wesentlicher Teil des Problems sind. Das konnten die Herren Watt und Benz nicht wissen. Sie waren lediglich fasziniert von den neuen Möglichkeiten. Man muss immer mit den Auswüchsen des Technikeinsatzes rechnen, besonders, wenn man damit reich werden kann. Manchmal kosten die Reparaturen die Gemeinschaft allerdings mehr, als der Profit des Einzelnen ausmacht. Von einem Ingenieur können Sie jetzt keine Technikschelte erwarten. Die wäre ohnehin müßig, weil die Entwicklung weitergehen wird. Wir sollten außerdem nicht vergessen, dass einige Technik-Errungenschaften uns erst in die Lage versetzt haben, unsere Fehler zu erkennen, bis hin zum Blick vom Mond auf unsere zerbrechliche blaue Murmel im schier endlosen schwarzen All. Dass wir immer und für alles eine Lösung finden werden, scheint allerdings zu sehr durch die rosa Brille betrachtet, zumal eine solche Lösung mit großen sozialen Umwälzungen verbunden sein könnte, Stichwort beispielsweise Industrialisierung. Außerdem gibt es mit Windkraft, Solarenergie und Wasserstoff schon ein gutes Angebot, also worauf warten wir. Freundlicher wird das Bild nicht.

Atomare Energiequellen

Die Mär von der günstigen und sauberen Kernenergie – ja, sie wird immer wieder erzählt. Inzwischen wissen wir, dass weltweit das Problem des atomaren Endlagers immer noch nicht gelöst ist, und wenn man es im Sinne der nachhaltigen Daseinsfürsorge für die Bürgerinnen und Bürger sieht, muss man diese Technik der Energieerzeugung heute für bankrott erklären. Der nennenswerte Neubau von Kernkraftwerken gelingt denn gegenwärtig auch nur noch in totalitären Strukturen. Diese Aussagen haben rein gar nichts mit der politischen Grundhaltung zu tun, auch wenn man mit solchen Feststellungen reflexartig in die grün-linke Ecke gestellt wird. Es ist schlicht eine Tatsache, und es fällt schwer, einen passenden

Vergleich für das Verhalten von Politik und Atomindustrie in dieser Angelegenheit zu finden. Passend erscheint in etwa das Bild von einem Flugzeug, das man starten lässt, ohne dass es eine Landebahn gäbe.

Die Suche nach dem Endlager, das Aufräumen der Asse II und die Sicherung von Morsleben, das Leeren der Zwischenlager: All das wird die Allgemeinheit noch eine Menge Geld kosten. Zitieren wir mal die Bundesgesellschaft für Endlagerung[192]: „2017 haben die vier Kernenergiebetreiber … insgesamt 24,3 Milliarden Euro in den Fonds eingezahlt. Darin enthalten waren die über die Jahre des Betriebs angesammelten Rückstellungen für die Entsorgung sowie ein von der KFK errechneter Risikoaufschlag von rund sechs Milliarden Euro. … Nach Berechnungen der Bundesregierung werden die Kosten für die gesamte Entsorgung bis 2100 auf rund 170 Milliarden Euro wachsen. Die Bundesregierung rechnet damit, dass diese Mittel mit dem KenFo zu erwirtschaften sein werden." KenFo bedeutet übrigens Fonds zur Finanzierung der kerntechnischen Entsorgung, KFK ist die Kommission zur Überprüfung der Finanzierung des Kernenergieausstiegs.

Zunächst mal stockt einem der Atem, denn die von den Unternehmen von 1961 bis 2022 erwirtschafteten Einnahmen belaufen sich auf 192 Milliarden Euro, die Betriebs-, Investitions- und Kapitalkosten von 1961 bereits bis 2015 auf rund 120 Milliarden Euro[193]. Da sind dann schon mal nur noch weniger als 72 Milliarden übrig, und mit den tatsächlichen Entsorgungskosten wäre das ein deutliches Verlustgeschäft. Allerdings müsste man fairerweise die Inflation einrechnen. Aber was ist mit 170 Milliarden überhaupt gemeint? Im Zeitraum von 1960 bis 2022 lag die durchschnittliche Inflationsrate bei 2,7 % pro Jahr. Ein Produkt kostet

---

[192] www.bge.de/de/endlagersuche/fragen-zur-endlagersuche/

[193] www.wiwo.de/unternehmen/energie/atomausstieg-umsatz-mit-atomstrom-kann-die-kosten-nicht-decken/13017890-2.html

also statt damals 100 Euro heute über 500 Euro[194]. Nehmen wir einmal an, die besagten 170 Milliarden Euro sind entsprechend der Kaufkraft 2100 gemeint, die 24,3 Milliarden auf dem Konto des KenFo inflationiert wären nach 77 Jahren fast das Achtfache oder ziemlich genau die 170 Milliarden, sodass das Rechenspiel passen würde. Dann wäre die Aussage der Bundesregierung allerdings ein übler Täuschungsversuch zu Lasten der Kernenergie, denn man vergleicht ja die Einnahmen der Gegenwart mit den Ausgaben der Zukunft.

Nehmen wir stattdessen wohlwollend an, die besagten 170 Milliarden Euro seien nach heutiger Kaufkraft gemeint. Dann wären neben den Renditen noch 2,7 % Inflationsausgleich zu erwirtschaften, was wir für die Schlussfolgerung im Sinn behalten sollten. Wenn nun die Mittel aus dem Fond gleichmäßig abfließen, kommen wir auf 170 Mrd. € / 77 Jahre = 2,21 Mrd. € pro Jahr, also 2,21 / 24,3 = 9,1 %. Diesen Prozentsatz müsste der KenFo erwirtschaften, um die Einlagen Jahr für Jahr konstant zu halten. Die Zinsen würden sozusagen regelmäßig aufgebraucht. (Vernachlässigen wir dabei mal, dass in den Jahren 2090 bis 2100 das Vermögen einfach aufgezehrt werden könnte.) Das Geld des KenFo ist in mehr als 9.000 Anlagenpositionen am Geldmarkt gut verteilt[195], übrigens bis 2050 auch in nicht klimafreundlichen Finanzprodukten. Das Geld, das wir für die Entsorgung des Atommülls zurückgelegt haben, stabilisiert also – kleine Nebenbemerkung – bis zu einem gewissen Grade das bestehende fossile Energieversorgungssystem. Mehr als ein Drittel des Geldes ist schlicht an der Börse angelegt und würde im Falle einer sehr ernsten Wirtschaftskrise einfach verdampfen. Leider gilt das nicht für den Atommüll. Ein weiteres Viertel des Geldes steckt in sogenannten „risikotragenden Anleihen“. Was ist das? Zitieren wir den KenFo selbst: „Der

---

[194] www.laenderdaten.info/Europa/Deutschland/inflationsraten.php
[195] www.kenfo.de/kapitalanlagen/portfolio

KenFo investiert 25% seines Portfolios in risikotragende Unternehmensanleihen sowie Staatsanleihen von Schwellenländern.“ Abgesehen vom Verdampfen im Falle der Überschuldung dieser Schwellenländer fragt man sich dann schon, wer hier unter fragwürdigen Arbeitsbedingungen in diesen Ländern unsere Zinsen erwirtschaftet. Es ist irgendwie unappetitlich.

Aber kommen wir zum Clou. Welche Rendite kann man am Geldmarkt realistisch erwarten? Schaut man sich verschiedene Fonds an, so kann man auf längere Sicht pro Jahr 6 bis 8 % erzielen, mit Glück auch etwas mehr. Zur inflationsbereinigten Stabilisierung bräuchten wir beim KenFo neben den 9,1 % dann noch zusätzliche 2,7 %. Es bleibt die Folgerung, dass das Geld so oder so nicht reichen wird. Wir werden die „kerntechnische Entsorgung“ irgendwann aus der Steuerkasse zahlen, was den Preis für Atomstrom im Nachhinein noch einmal deutlich erhöht. Dann zahlen ihn wieder wir alle.

Wie sieht es aus mit den inzwischen vielfach diskutierten Kleinreaktoren, den sogenannte „small modular reactors“ (SMR), Stichwort Bill Gates? Um es kurz und knapp zu sagen: nicht gut. Das Bundesamt für die Sicherheit der nuklearen Entsorgung BASE hat zur Versachlichung der Diskussion 2021 ein Gutachten in Auftrag gegeben[196], das zu sehr ernüchternden Schlüssen kommt. Es geht um Anlagengrößen mit elektrischen Leistungen im Bereich bis 300 MW im Gegensatz zu 1.300 MW bei großen Kraftwerken. Aber zitieren wir der Einfachheit halber aus dem Gutachten:

- Die Bandbreite der durch den Begriff SMR erfassten Konzepte reicht von „heutigen“ Leichtwasserreaktoren mit geringer Leistung bis hin zu andersartigen Konzepten, für die bislang wenig oder keine industrielle Vorerfahrung vorliegt (wie

[196] www.base.bund.de/DE/themen/kt/kta-deutschland/neue_reaktoren/neue-reaktoren_node.html

beispielsweise Hochtemperatur- oder Salzschmelze-Reaktorkonzepte). …

- Um weltweit dieselbe elektrische Leistung zu erzeugen wie mit heutigen neuen Atomkraftwerken wäre eine um den Faktor 3 - 1000 größere Anzahl an Anlagen erforderlich. … *(Anmerkung: Faktor 1000 wären dann beispielweise Anwendungen im Hausbereich um die 1 MW.)*
- Gegenüber Atomkraftwerken mit großer Leistung könnten SMR potenziell sicherheitstechnische Vorteile erzielen, da sie ein beispielsweise geringeres radioaktives Inventar pro Reaktor aufweisen. Die hohe Anzahl an Reaktoren, die für die gleiche Produktionsmenge an elektrischer Leistung notwendig ist, erhöht das Risiko jedoch wiederum um ein Vielfaches.
- Anders als teilweise von Herstellern angegeben, muss bisher davon ausgegangen werden, dass für den anlagenexternen Notfallschutz bei SMR die Möglichkeit von Kontaminationen besteht, die deutlich über das Anlagengelände hinausreichen.
- Durch die geringe elektrische Leistung sind bei SMR die Baukosten relativ betrachtet höher als bei großen Atomkraftwerken. Eine Produktionskostenrechnung unter Berücksichtigung von Skalen-, Massen- und Lerneffekten aus der Atomindustrie legt nahe, dass im Mittel dreitausend SMR produziert werden müssten bevor sich der Einstieg in die SMR-Produktion lohnen würde. *(Anm.: Heute gibt es weltweit etwa 400 KKW.) (Zitat Ende)*

Dem ist nicht viel hinzuzufügen. Nun könnte man natürlich argwöhnen, dass die Studie unter anderem vom Öko-Institut Freiburg mitverfasst wurde, und da sei das Ergebnis von vornherein klar. Allerdings belegen die Ereignisse um den geplanten Reaktor der US-Firma NuScale die Probleme insbesondere mit den Kosten solcher Anlagen[197]. Man soll ja niemals nie sagen, aber aus gegenwärtiger Sicht kommen diese Ansätze zu spät, um die Klimakrise anzugehen, und die technischen Schwierigkeiten mit den neuen Lösungen sind noch nicht einmal alle bekannt.

Die andere atomare Energiequelle, die Kernfusion, wird immer noch sehr hoch gehandelt, und da es möglicherweise in nächster Zeit wieder erhebliche Mittel für Forschungsförderung geben wird, haben sich einige Experten in Deutschland schon mal in die Startblöcke begeben und vermuten den lauffähigen Reaktor für das Jahr 2050[198]. Allerdings sieht die Max-Planck-Gesellschaft die Chancen für einen schnellen Erfolg deutlich nüchterner[199], und in einem Gutachten an den deutschen Bundestag äußert sich ein österreichischer Risikoforscher (der nicht an die Geldtöpfe herankommt) wie folgt[200]: „Welche konkrete Rolle Fusionsreaktoren … im nachhaltig auszulegenden Energiesystem der Zukunft spielen und wie sie systemisch eingepasst werden könnte, ist heute nicht klar zu beantworten. Dies müsste aber ebenfalls dringlich prospektiv untersucht werden. Für die Erfordernisse der Energiewende hin zu Klimaneutralität vor Mitte dieses Jahrhunderts wird die Fusion jedenfalls keine Rolle spielen können. Anderen Forschungsprioritäten im Bereich der Energiewende sollte daher der Vorrang eingeräumt werden." Wer dieses Thema wie der Autor selbst seit mehr als 50 Jahren verfolgt, kennt die Aussagen schon seit seiner Jugend: Der Fusionsreaktor kommt in 10 bis 20 Jahren, von dem Moment an gerechnet, in dem man fragt. Liebe Menschheit, es gibt schon einen Fusionsreaktor, den wir anzapfen können, nämlich die

---

[197] www.reuters.com/business/energy/nuscale-power-uamps-agree-terminate-nuclear-project-2023-11-08/

[198] www.ipp.mpg.de/46293/fusion_d.pdf

[199] www.mpg.de/19734973/brennpunkte-der-kernfusion

[200] www.bundestag.de/resource/blob/968366/c2b3996d269b3b9251df96897cf9608b/20-18-144-Liebert-unaufgefordert-data.pdf

Sonne. Fusion auf Erden käme vermutlich zu spät für das Klima, wäre nicht unbedingt billiger und immer noch eine Sache mit Radioaktivität.

Gefahren für Mensch und Natur

Eine der schärfsten Waffen gegen Veränderungen, wie sie mit der Energiewende kommen werden, sind Gerüchte über die Schädlichkeit neuer Technologien oder Verfahren. Selbst wenn bei intensiven wissenschaftlichen Untersuchungen herauskommt, dass die Effekte unterhalb der Grenze der Nachweisbarkeit liegen, bleibt der Vorwurf wie Taubendreck auf dem Kragen kleben. Das gilt für Elektrosmog bei der Photovoltaik, Infraschall und Vogelmord bei Windkraft, dem Wasserbedarf bei der Elektrolyse oder den Gefahren von Wasserstoff, demonstriert am Knallgasversuch. Gehen wir deshalb ein paar Gerüchten auf den Grund, wohl wissend, dass auch der destruktiven Fantasie keine Grenzen gesetzt sind.

Fangen wir mit dem Thema Elektrosmog an. Die Studienlage beim Mobilfunk kann man als beruhigend, aber diffus beschreiben; wer sich darüber informieren möchte, kann das auf Fachportalen tun[201]. Bei der Photovoltaik stellt sich die Situation allerdings sehr viel harmloser dar, weil der allergrößte Teil der Anlage, die Solarplatten, mit Gleichstrom arbeitet. Daher entstehen nur sehr schwache elektrische und magnetische Felder in unmittelbarer Nähe des Aufbaus, die sich nicht im Raum ausbreiten können. Wellenausbreitung setzt nämlich voraus, dass sich die elektromagnetischen Felder rasch ändern. Wenn Sie sich sehr ungefähr ein Bild machen wollen, stellen Sie einen Löffel in ein Glas voll Wasser und warten ab, bis sich alles beruhigt hat. Der Löffel sorgt dafür, dass sich die Wasseroberfläche in seiner Umgebung leicht verformt, aber das war es dann auch schon. Erst, wenn wir ihn etwas schneller bewegen, entstehen Oberflächenwellen, die auch nur dann von Dauer

---

201 www.emf-portal.org/de

sind, wenn wir sie immer wieder anstoßen. Oder noch deutlicher: Da niemand Angst vor einem Luftballon hat, den man durch Reiben elektrisch auflädt, und wir kleine Magnete sogar in Spielzeuge einbauen, sehen die Menschen in zeitlich unveränderlichen (!) elektrischen oder magnetischen Feldern im Allgemeinen offenbar keine Gefahr. Bei der Photovoltaik wird dann am Ende des Kabels der Gleichstrom noch in Wechselstrom umgewandelt. Dabei können in geringem Umfang elektromagnetische Wellen entstehen. Aber wer davor Angst hat, muss genau genommen auch einen großen Bogen um alle Haushaltsgeräte machen. Es soll ja Menschen geben, die das beherzigen, Kaffeemaschine und Kühlschrank vielleicht ausgenommen.

Zweites Thema: Welche Gefahren gehen von der Windkraft aus? Zuallererst muss man feststellen, dass große Windenergieanlagen durchaus Geräusche von sich geben, die man als Lärm empfinden kann. Wer in der Nähe einer alten Anlage gewohnt hat – die durfte da noch stehen, weil man bei der Baugenehmigung noch keine rechte Ahnung hatte –, kennt das Rauschen bei starkem Wind. Ob man es wirklich als störend empfindet, ist wie immer eine Frage der persönlichen Betrachtung. Die meisten Verkehrsgeräusche in den Städten sind deutlich lauter, auch in größerer Entfernung zur Hauptstraße. Dadurch, dass Windräder meistens nur drei Flügel haben, ist das Rauschen nicht gleichmäßig, sondern es schwankt mit der Flügelbewegung. Wenn ordentlich Wind weht, dreht sich der Rotor ungefähr zehnmal in der Minute. Also kommen die Blattspitzen ungefähr dreißigmal in der Minute bei Ihnen in Bodennähe vorbei, alle zwei Sekunden. Wir nehmen mit unseren Ohren Luftdruckänderungen bis minimal zwanzigmal pro Sekunde wahr, aber wenn die Stoßwellen sehr stark sind, vibriert zumindest unsere Lunge, beispielsweise bei Donner. Manche Menschen argumentieren nun, dass die von Windrädern ausgehenden Schallwellen unterhalb der Hörschwelle – im sogenannten Infraschallbereich – ihre Gesundheit beeinträchtigen würden. Da sich tiefe

Töne sehr weit in der Lufthülle ausbreiten, würden denkbare Gesundheitsschäden auch noch in größerer Entfernung zu den Anlagen auftreten. Der Abstand der Standorte von Windrädern von der Wohnbebauung ist daher ein Politikum, mit dem durchaus Wahlen gewonnen werden können. Mit solchen Abstandsregeln kann aber auch jede Art von Windkraft an Land abgewürgt werden, je nachdem, wie man „Wohnbebauung" definiert. Wenn jedes einzelne Haus, das allein auf weiter Flur steht, als Wohnbebauung bewertet wird, bleibt am Ende kein Stück Deutschland mehr übrig. Der Bauer, der seinen eigenen Strom produzieren möchte, darf das womöglich nicht tun, wenn er die Abstandsregeln zu seinem Hof nicht einhält.

Lärm macht krank, das wissen wir. Ich möchte kein Windrad direkt neben meiner Wohnung stehen haben, aber nicht wegen des Infraschalls, sondern einfach wegen der hörbaren Geräusche. Ich möchte auch nicht neben einer Hauptverkehrsstraße, unter einer Einflugschneise oder neben einer Bahnstrecke wohnen. Manche Menschen stört sogar die Meeresbrandung. Alle diese Lärmquellen produzieren hörbaren Schall und zusätzlich das tiefe Grummeln namens Infraschall. Gibt es keine wissenschaftlichen Untersuchungen zum Infraschall? Doch, gibt es[202]. Zitieren wir aus der Studie des Landes Baden-Württemberg: „Infraschall und tieffrequente Geräusche sind alltäglicher Bestandteil unserer technischen und natürlichen Umwelt. Verglichen mit anderen technischen und natürlichen Quellen ist der von Windkraftanlagen hervorgerufene Infraschall gering. Bereits in 150 m Abstand liegt er deutlich unterhalb der Wahrnehmungsgrenzen des Menschen, in üblichen Abständen der Wohnbebauung entsprechend noch weiter darunter. Gesundheitliche Wirkungen von Infraschall unterhalb der Wahrnehmungsgrenzen sind wissenschaftlich nicht nachgewiesen." Wenn Menschen glauben, ihre gesundheitlichen Probleme kämen

---

202 pudi.lubw.de/detailseite/-/publication/71612

von der Windenergieanlage in der Nachbarschaft, hilft leider kein besseres Wissen. Dagegen helfen nur Zuckerpillen.

Manche Leute finden auch, dass Windräder ihre Heimat optisch abwerten. Sie haben das Gefühl, von Windmühlen umstellt zu sein. Die Ausblicke auf ihre geliebte Landschaft werden gestört, die Landschaft wird „verspargelt". Außerdem ist nicht einzusehen, wieso der Nachbar mit seiner Anlage viel Geld verdient, und man sich das Mistding auch noch jeden Tag ansehen muss. Das alles geschieht sowieso nur, damit Fabriken in anderen Regionen Deutschlands auch weiterhin unnützes Zeug produzieren können. Und man will nicht zusätzlich noch unter den Hochspannungsleitungen leiden. Zugegeben, diese ganzen Gedanken sind gefühlsmäßig nachvollziehbar, nur früher musste man häufig die schlechte Laune mit sich selbst oder seiner Familie ausmachen. Heute gibt es dazu elektronische soziale Medien, in denen ich das gleich schriftlich niederlegen und in die ganze Welt hinausposaunen kann, wo sich dann meine Befindlichkeiten bis in alle Ewigkeit tausendfach vervielfältigen und andere Menschen mitziehen. Social Media können unglücklich machen.

Aber ernsthaft: Was wäre denn ein Maß, das das ästhetische Empfinden vom Einzelnen auf die etwas objektivere Ebene der Gemeinschaft hebt? Da gibt es zum Beispiel die Denkmalschutzgesetze, die unsere Kulturgüter im Sinne einer Umwelt, in der ich mich wohlfühle, schützen sollen. Aber ohnehin käme wohl kaum jemand auf die Idee, Windenergieanlagen in einem Barockgarten, einem Landschaftspark oder neben dem Kölner Dom aufzustellen (Wieso eigentlich nicht?). Insoweit sind wir uns einig. Es erscheint auch allgemein als unangemessen, dass ein Dorf tatsächlich von solchen Riesentürmen umzingelt wird, aber das kann nach den gängigen Bestimmungen ohnehin nicht geschehen. Alles, was über die Sonderwünsche eines einzelnen Anwohners hinausgeht, muss dann aber eine Frage der Güterabwägung sein. Ist der Ausblick durch ein paar sehr hohe Türme in größerer Entfernung wirklich derart getrübt, dass man die Klimakrise ignorieren könnte? Vielleicht hätte man ja ohne die Anlagen irgendwann einen ungetrübten Blick auf die Nordsee, allerdings aus dem ersten Stock. Sinngemäßes Zitat eines in Norddeutschland sehr bekannten Klimaforschers und Fernseh-Wetterfroschs zum Thema Windräder: „Wenn wir lange genug warten, stehen alle Anlagen auf See."

Als Gegenantwort allerdings mal wieder die Klimakatastrophe aus der Tasche zu ziehen, wirkt wie ein Totschlagargument. Damit wären wir beim Naturschutz. Windenergieanlagen entwickeln an der Blattspitzen enorme Geschwindigkeiten von über 400 km/h. So schnell fliegt kein Vogel und keine Fledermaus, die dann ruckzuck mitten im Flug „geschreddert" werden. Plötzlich stehen sich zwei Totschlagargumente gegenüber: (A) Die Vogelart, die da ausstirbt, könnte die letzte vor dem Kipppunkt sein, Stichwort Biodiversität oder Artenvielfalt. (B) Die Vogelart, die da ausstirbt, würde es nach der Klimakatastrophe vielleicht gar nicht mehr geben. Damit hätten wir ein Patt. Da beide Seiten das einsehen und eigentlich ähnliche Interessen verfolgen, setzt man sich unter Fachleuten zusammen und sucht eine Lösung. In den Social Media tobt der Glaubenskampf allerdings weiter, und es ist schwierig, zwischen Behauptungen und Fakten zu unterscheiden. Ganz nebenbei bietet sich damit den Verfechtern einer fossilen Energieversorgung eine hervorragende Möglichkeit, sich als Tierschützer und Heimatbewahrer zu inszenieren. Ein Hoch auf den Stammtisch!

Greenpeace – ja, ausgerechnet Greenpeace – stellt in seinen Mythen & Fakten zur Klimakrise fest[203]: „Die Gefahr von Windrädern für Vögel wird übertrieben ... Zwar stimmt es, dass einige Vögel durch Windkraftanlagen sterben. Fakt ist aber: Das sind in Deutschland jährlich rund 10.000 bis 100.000 Vögel, während 18 Millionen Vögel von Glasscheiben und rund 50 Millionen Vögel

---

[203] act.greenpeace.de/faktencheck

vom Verkehr getötet werden. Windkraftstandorte werden vorab zum Schutz von brütenden oder ziehenden Vögeln streng geprüft. So wird der Einfluss der Anlagen so gering wie möglich gehalten." Das besondere Problem[204] ergibt sich dadurch, dass selbst bei sehr engmaschiger Kontrolle die geschlagenen Vögel nicht gefunden werden, weil andere Wildtiere die Kadaver beseitigen. Weiterhin können die Zahlen von Region zu Region deutlich variieren, weil zu verschiedenen Zeiten unterschiedliche Vögel sich unterschiedlich verhalten. Tierfreunden sei noch folgende Aussage des NABU[205] zur Kenntnis gegeben: „Eine Studie kam zu dem Ergebnis, dass in den USA jedes Jahr zwischen 1,4 und 3,7 Milliarden Vögel von Hauskatzen getötet werden. Für Deutschland gibt es grobe Schätzungen, die von 200 Millionen getöteten Vögeln pro Jahr ausgehen." Das betrifft dann zwar vermutlich keine vom Aussterben bedrohten Greifvögel, aber unsere Stubentiger sind nicht nur flauschig.

Was ist die Folgerung? Mit ein bisschen Vorsicht und guter Zusammenarbeit mit den Naturschützern lässt sich die Sache sauber bewältigen. Mittlerweile gibt es sogar Bilderkennungssoftware, die feststellen kann, ob die Überwachungskamera in einem Windpark gerade eine bedrohte Vogelart im Visier hat. Dann heißt es: Abschalten für Rotmilan und Mäusebussard.

Das nächste Gerücht betrifft die Elektrolyse mit ihrem Wasserbedarf. Stichwort: Wir werden alle verdursten und verhungern, weil der Wasserstoff uns das Süßwasser klaut. Nun ja, Süßwasser ist im Allgemeinen nicht sauber genug für die Elektrolyse. Man muss also in jedem Fall eine Vorreinigung einschalten. Dabei ergibt

---

204 www.bioconsult-sh.de/fileadmin/user_upload/Publikationen/2016/Prognosis_and_assessment_of_bird_collision_risks_at_wind_turbines_in_northern_Germany__PROGRESS_.pdf

205 www.nabu.de/tiere-und-pflanzen/voegel/gefaehrdungen/katzen/index.html

sich für Salzwasser aus dem Meer, dass 99,9 % der Energie und 99 % der Kosten für den eigentlichen Elektrolyseprozess anfallen, d. h. die Reinigung des Wassers trägt nur extrem wenig zum Produktpreis bei. Man kann übrigens auch Brauchwasser einsetzen und braucht kein Trinkwasser. Ein deutsches Unternehmen wurde 2021 mit der Lieferung einer Elektrolyseanlage mit einer Leistung von mehr als zwei Gigawatt für eines der weltweit größten Projekte zur Erzeugung von grünem Wasserstoff in Neom in Saudi-Arabien beauftragt[206]. Neom liegt am Roten Meer in der Nähe von Suez und ist eine Wüstenstadt. Mehr muss man zur Wasserversorgung eigentlich nicht sagen. Der Wasserbedarf entspricht bei dieser Anlagengröße übrigens etwa dem einer deutschen Kleinstadt. Offenbar lohnt sich die Sache.

Und zum guten Schluss lassen wir es nochmal richtig krachen. Die meisten Leute wissen nicht viel über Wasserstoff. Möglicherweise kennt man noch den Knallgasversuch aus der Schule. Der einen oder dem anderen kommt die Zeppelin-Katastrophe in Lakehurst von 1937 in den Sinn. Wenn es ganz dumm läuft, wird ein Zusammenhang mit der Wasserstoffbombe hergestellt. Praktisch nie fällt den Leuten das Stadtgas[207] ein, das bis in die 1960er Jahre durch die Gasleitungen der Städte strömte. Was könnte an Wasserstoff gefährlich sein? Der Technische Überwachungsverein ist gemeinhin in keinem Fall dafür bekannt, Gefahren zu untertreiben. Deshalb zitieren wir mal[208]: „Bei Wasserstoff (H_2) handelt es sich um ein ungiftiges Gas, das weder über Farbe noch Geruch

---

206 www.thyssenkrupp.com/de/newsroom/pressemeldungen/pressedetailseite/eines-der-grossten-grunen-wasserstoffprojekte-der-welt--thyssenkrupp-unterzeichnet-vertrag-uber-2gw-elektrolyse-anlage-fur-air-products-in-neom-124583

207 geschichtsbuch.hamburg.de/epochen/industrialisierung/gasversorgung-fuer-die-moderne-stadt/

208 www.tuev-nord.de/de/unternehmen/energie/wasserstoff/wasserstoff-eigenschaften-sicherheit-gefahren/

verfügt." „Es kann zu Komplikationen kommen, wenn hohe Konzentrationen eingeatmet werden – was dann aber dem Mangel an Sauerstoff (O_2) geschuldet ist." „Von Wasserstoff geht zudem keine Krebsgefahr aus und er ist nicht selbstentzündlich." „Werden in Luft unter atmosphärischem Druck circa 4 % Wasserstoff eingemischt, dann lässt sich dieses Gemisch mit einer Zündquelle entzünden. Explosionsgefahr herrscht hier jedoch noch nicht. Diese ist erst ab einer Wasserstoffkonzentration von 18 % gegeben. Sobald rund 75 % Wasserstoff vorhanden sind, sind Entzündungen und somit auch Explosionen nicht mehr möglich, da die Menge an Sauerstoff dafür nicht ausreicht. Da Wasserstoff 14-mal leichter als Luft ist und sich somit schnell im Freien verflüchtigt, verringert sich die Explosionsgefahr von Wasserstoff zusätzlich." Der Knallgasversuch wird deshalb in der Schule gerne genommen, weil er mit einfachen Mitteln durchzuführen ist – ein bisschen Strom und Wasser – und eigentlich – es kommt nicht so genau auf die Mischung an – immer gelingt. Die Industrie geht übrigens seit vielen Jahrzehnten mit Wasserstoff um, sodass wir über hinreichend Erfahrung verfügen. Auch Wasserstoff-Pipelines verlaufen schon durch unsere Landschaft, ohne dass daran jemand besonderen Anstoß nähme.

Wenn Sie die Bilder vom Abbrennen der Hindenburg kennen: Glauben Sie, der Fotograf hätte da noch gestanden, wenn das Luftschiff explodiert wäre? Insgesamt starben 36 Menschen, aber immerhin 62 überlebten den Feuersturm, der nur 30 Sekunden dauerte[209]. Mehr als ein Jahrhundert lang haben wir weltweit zunächst die Straßenbeleuchtung und dann auch Heizungen und Gasherde mit Stadtgas betrieben, das zu etwa der Hälfte aus Wasserstoff bestand. In Verruf geraten ist das Stadtgas übrigens durch seinen Kohlenmonoxid-Anteil. Da konnte man sich gut unter den

---

[209] www.spiegel.de/panorama/hindenburg-katastrophe-letzter-ueberlebender-werner-franz-gestorben-a-988852.html

Gasherd legen und sich um die Ecke bringen. Ganz ruhig und ohne Knall. So richtig knallt es natürlich bei der Wasserstoff-Bombe, aber das ist keine chemische Reaktion zwischen Atomen, sondern eine Fusionsreaktion, bei der es zur Atomkernverschmelzung kommt. Da haben wir dann ein ganz anderes Kaliber, das aber mit unserem Wasserstoff im Alltag rein gar nichts zu tun hat. Wasserstoff stellt eine eher kleine Gefahr dar.

Versorgungssicherheit

Kennen Sie den Spruch? „Atomkraftgegner überwintern bei Dunkelheit mit kaltem Hintern."[210] Wenn nein, kennen Sie vielleicht die kalte Dunkelflaute, die im Grunde das Gleiche aussagt: Die Sonne scheint nicht, der Wind weht nicht und es ist kalter Winter. Erneuerbare Energien sind angeblich „volatil", d. h. verletzlich, weil sie nicht zuverlässig zur Verfügung stehen. Also so wie Erdgas. Wir haben uns derart daran gewöhnt, dass alles jederzeit zur Verfügung steht, dass wir nicht mehr hinter die Kulissen blicken wollen. Der Strom fällt halt nie aus, und man kann auch im März noch Kartoffeln und Möhren im Supermarkt kaufen. Das Brotregal ist voll, obwohl ab November die Äcker brachliegen. Wir sind verwöhnt, und leben eigentlich ständig von den Reserven. Nochmal zum Mitschreiben: Wir leben bei der Energie ständig von den Reserven, die die Erdgeschichte für uns angelegt hat.

Was bedeutet das nun für die Versorgung mit erneuerbarer Energie? Wir stellen praktisch komplett um „vom Sparbuch auf das Girokonto", also von den Energiereserven zum Energiedargebot, der verfügbaren Menge. Das dabei auftretende Problem kennt jeder Hobbygärtner, der Obstbäume hat: Wenn das Obst reif ist, erntet man in guten Jahren so viel davon, dass man dem kaum Herr wird. Den Rest des Jahres könnte man es aber gut verwerten. Rein bilanziell hätte man vielleicht für jeden Tag zwei Äpfel oder eine

---

210 www.welt.de/print-welt/article318937/Das-Ende-einer-Lebens-luege.html

Handvoll Kirschen, aber eben nur im Mittel. Also heißt es konservieren, nämlich einwecken, einfrieren, trocknen, kandieren, kühlen und im Dunkeln lagern. Dabei leidet zwar meistens die Qualität und wir müssen auch Arbeit aufwenden, aber es hilft nichts. Warum sollte das bei unserer Energie anders sein? Das Eichhörnchen lässt grüßen.

An den Rändern der energiepolitischen Ansichten gibt es zwei verheerende Irrtümer dazu, die man aufklären muss. Erstens: Nein, wir können nicht weiter auf fossile Energieträger bauen und die regenerativen für Spielkram halten. Und zweitens: Nein, wir können uns nicht darauf verlassen, dass genügend Sonne und Wind zur Verfügung stehen und wir die Langzeitspeicher nicht brauchen. Beide Ansichten müssen zu einem Scheitern der Energiewende führen oder sollen es sogar, nur um Recht zu behalten. Wer die im vorigen Absatz dargestellten historischen, ja man mag beinahe sagen archaischen Wahrheiten ignoriert, den wird die Zukunft bestrafen. Wer meint, wir könnten weiterhin Öl, Kohle und Gas verbrennen und auf Kernkraft setzen, hat das Dilemma nicht verstanden: Wir leben von uraltem Eingemachtem, etwas manipulativ formuliert. Wer andererseits meint, wir müssten nur Photovoltaik und Windenergie hinreichend ausbauen, aber Wasserstoff sei energiefressendes Teufelszeug, demjenigen kann ebenfalls nicht geholfen werden. Die Dunkelflaute ist Realität, wenn auch nicht unter diesem Stichwort. Es geht nicht darum, dass irgendwann im Jahr weder Sonne noch Wind genügend Energie abliefern, sondern die Wirklichkeit fordert uns sehr viel mehr heraus. Es geht darum, jederzeit genügend Energie bereitzustellen, um den aktuellen Verbrauch abzudecken, mittags mehr als nachts, dienstags mehr als freitags, im Winter mehr als im Sommer. Es geht um Versorgungssicherheit.

Was spricht also gegen Wasserstoff? Als Hauptargument wird leider immer noch der schlechte Wirkungsgrad genannt. Wenn wir bei der Elektrolyse 30 % der elektrischen Energie verlieren und bei der Rückverstromung nochmal 30 %, kommen wir auf einen Gesamtwirkungsgrad von knapp 50 % (0,7 x 0,7). Übrigens – zur Erinnerung – schafft auch ein Kohlekraftwerk keine höheren Wirkungsgrade als 50 % bei der Umwandlung von Braunkohle in Strom[211], aber darüber redet kein Mensch. Schweigen ist Kohle. Es bleibt zweifelsfrei besser, den Strom direkt zu verwenden, wie wir schon bei der Elektromobilität gesehen haben, aber – siehe oben – es hilft ja nichts, wir haben Versorgungslücken.

Man kann nun untersuchen[212], wie groß diese Stromlücken sind und wann sie auftreten, und zwar nicht auf Basis irgendwelcher theoretischer Überlegungen, sondern anhand der Gegenwart 2019 vor Corona. Schön wäre natürlich, wenn man schon die Bedarfe von E-Mobilität und Wärmepumpen sowie ein aktives Sparverhalten der Menschen einbeziehen könnte, um die Engpässe der Zukunft zu ermitteln, aber das wäre fruchtlose Spekulation. Aus der Analyse der Daten von 2019 ergeben sich jedenfalls die im Folgenden dargestellten Fakten und Schlussfolgerungen: Die Produktion von Windstrom an Land und auf See ist im Mittelwert einigermaßen gleichmäßig über den Tag verteilt. Da das Wettergeschehen ein eher zufälliger Prozess ist, war auch nichts anderes zu erwarten. Der Mittelwert sagt natürlich für die Versorgungssicherheit nicht viel aus, denn der Windstrom kann innerhalb weniger Stunden von praktisch Flaute bis zum massiven Überschuss schwanken, je nachdem, wie die Tiefdruckgebiete über Deutschland hinwegziehen. Trotzdem ergibt sich daraus ein systematischer Engpass, wie wir gleich sehen werden.

Die Produktion von Solarstrom folgt dagegen einer ganz typischen Kurve, die einer Glockenform ähnelt (nein, keine Gauß-

---

211 braunkohle.de/glossareintrag/wirkungsgrad/

212 Berger, M.: Zeitliche Profile des Strombedarfs und der Ökostromerzeugung in Deutschland am Beispiel des Jahres 2019, Heide 2023, DOI: https://doi.org/10.48591/enef-fx95

Verteilung). Mit Sonnenaufgang läuft die Erzeugung langsam an, erreicht zum Mittag ihr Maximum und fällt mit dem Sonnenuntergang allmählich ab. Auch hier gilt wieder sinngemäß die Aussage für den Mittelwert, die wir für den Wind machen können, d. h. Wolken verderben einem den ganzen Spaß. Im Gegensatz zum Wind haben wir aber hier das Problem, dass nachts die Produktion definitiv null ist. Sonne kann also während der Hälfte des Tages den Bedarf sicher nicht abdecken. Und jetzt kommt der zweite Haken: Wir Menschen in den Industrienationen stehen vor den Hühnern auf und gehen nach den Hühnern ins Bett. Es entsteht also zur Morgen- und Abenddämmerung der oben genannte systematische Engpass bei der Versorgung mit Sonne und Wind. Würden wir uns nicht nach der Uhr, sondern nach dem Sonnenstand richten, wäre das Problem deutlich kleiner. Der Engpass äußert sich übrigens auch sehr deutlich im Verlauf des Strompreises über den Tag. In der „Hühnerlücke" ist Strom am teuersten.

Da diese beiden Zeiträume sich grundsätzlich nicht mit noch so viel Photovoltaik-Ausbau bewältigen lassen – null mal hundert ergibt immer noch null –, müssen andere Stromquellen herhalten. Typischerweise sind das gegenwärtig Pumpspeicherkraftwerke, die aber in Deutschland eher dünn gesät bleiben werden. Windstrom müsste eigentlich verfügbar sein, aber nur im statistischen Mittel. Hier würde also gelten: Wehe, wenn nicht. Bei Batteriespeichern wären wir im Allgemeinen auf unseren deutschen Strom angewiesen, und das Einsatzfeld ist eher bei kürzeren Zeiträumen und kleineren Energiemengen zu sehen. Mit Batterien – genauer Akkumulatoren – werden voraussichtlich die Energieversorger den regionalen Pflichten in ihren sogenannten „Bilanzkreisen" nachkommen, in denen sie für den Ausgleich zwischen Erzeugung und Einkauf auf der einen und Verbrauch und Verkauf auf der anderen Seite verantwortlich sind und deshalb regelmäßig sehr schnell reagieren müssen. Als flexibelste Lösung für mittel- bis langfristige Speicheraufgaben erweist sich aber eindeutig Wasserstoff, den man selbst produzieren, weltweit einkaufen, über weite Strecken transportieren, in großen Mengen lagern, verbrennen und verstromen oder auch stofflich verwenden kann.

Im Jahr 2019 war die Menge an verfügbarem Strom aus Wind und Sonne noch bei weitem nicht ausreichend mit Blick auf den Strombedarf. Aus diesen beiden Quellen konnte – wieder nur bilanziell – etwa ein Drittel gedeckt werden. Wenn wir also anhand realer Verbrauchsprofile überprüfen wollen, ob wir mit einem Ausbau der Regenerativen irgendwann jederzeit den Bedarf decken könnten, müssen wir ein Vielfaches des Angebots, grob geschätzt das Dreifache, mit dem Bedarfsprofil vergleichen, und zwar zeitlich möglichst gut aufgelöst. Aufgrund der leichten Verfügbarkeit der Daten auf der Internetseite www.smard.de der Bundesnetzagentur bietet es sich an, den Vergleich stundenweise vorzunehmen, also für alle 8760 Stunden des Jahres. Wie könnte man nun den Faktor finden, um den ausgebaut werden müsste? Diese Rechenaufgabe macht ohne Speicher praktisch keinen Sinn, denn es wird im Laufe des Jahres immer irgendwann ein Zusammentreffen von minimaler Stromverfügbarkeit und maximalem Bedarf geben, sodass sich rein zufällige Faktoren von 10 oder mehr ergeben.

Die Idee zur weiteren Berechnung besteht daher darin, ein sehr einfaches Speicherverfahren zu modellieren, nämlich ein stundenweises Erzeugen von Wasserstoff für den Fall, dass zu viel Strom im Netz ist. Im Gegenzug wird bei Unterdeckung des Bedarfs Wasserstoff rückverstromt. Hin- und Rückweg muss man mit den Verlusten modellieren. Wenn die Speicher an Neujahr leer sind, und man dann den Faktor so anpasst, dass sie an Silvester gerade wieder leer sind, hat man das ganze Jahr genügend Strom gehabt. Anhand der maximalen Unterdeckung – der Speicherinhalt geht dabei ins Negative, was in der Realität nicht sinnvoll wäre – kann man den Reservebedarf abschätzen, mit dem man an Neujahr hätte starten müssen, um nie komplett leer zu laufen. Macht man das für 2019, kommt man auf einen Ausbaufaktor 3,53. Das ist gut das

Dreieinhalbfache und nicht so weit weg vom Dreifachen. Die Reserve beläuft sich dann auf den mittleren Strombedarf von zehn Tagen, was auch nicht besonders exotisch wäre. Wohlgemerkt geht es bei dieser Abschätzung nur um den Strom, wie wir ihn gegenwärtig noch brauchen. Die durch den Ausstieg aus Öl und Braunkohle entstehenden Strombedarfe sind nicht berücksichtigt (s. o.). Insofern gibt es keinen Widerspruch zu dem in Kapitel 2 ermittelten Faktor 6.

Das Modell dieses „von-der-Hand-in-den-Mund"-Umgangs mit Wasserstoff ist zwar sehr einfach, hat aber auch eine deutliche Schwäche. Das sieht man allein schon, wenn man bedenkt, dass Sonne und Wind gelegentlich heute schon den Gesamtbedarf an Strom abdecken. Wenn wir jetzt also einen Faktor 3,53 ansetzen, hätten wir eine riesige Spitze von 253 % über dem Bedarf, die die Elektrolyseure für das Modell klaglos verdauen müssten. Diese gewaltigen Produktionskapazitäten wird niemand aufbauen, genauso wenig wie die gewaltigen Wasserstoff-Kraftwerke für den Fall der völligen Unterdeckung. Die Stärke dieses Modells ist allerdings, dass man jetzt untersuchen kann, wie groß die vermeintliche Dunkelflaute denn wirklich wäre. Welche Zeiträume müssen wir mit dem „Eingemachten" überbrücken? Dabei stellt sich heraus, dass 2019 über 90 % der Engpässe kürzer als 24 Stunden waren. Lediglich zwei Lücken waren eine deutlichere Herausforderung, und zwar einmal knapp fünf und einmal knapp acht Tage. Das deckt sich im Übrigen ganz gut mit den zehn Tagen der Reserve. Das Modell leistet also bei aller Einfachheit gute Dienste.

Ist es denkbar, dass mit dem Aufwuchs von Wärmepumpen und Elektroautos die Spitzen ausgeglichen werden und Lücken aus Autobatterien geschlossen werden können? Beim Laden der Autos hängt es vom Verhalten der Menschen ab. Wenn man den Wagen abends anschließt, um dann morgens beruhigt losfahren zu können, ist man zumindest mal außer Tritt mit dem verfügbaren Solarstrom. Das Auto könnte aber womöglich Windstrom aufnehmen, der nachts weniger Abnehmer in Industrie und Gewerbe findet. Nur wenige Menschen werden bereit sein, das Auto am Arbeitsplatz zum Ausgleich von Versorgungslücken tagsüber zur Verfügung zu stellen, aus Sorge, dass man dann abends nicht mehr nach Hause kommt. Das könnte man zwar mit technischen Lösungen ausschließen, aber Menschen verhalten sich nicht derart rational. Die Option eines riesigen virtuellen Speichers in Form der Autobatterien sollte man vielleicht eher mit Skepsis sehen. Wer über solche Ansätze nachdenkt, dürfte ohnehin eher zu den Privilegierten in einem Einfamilienhaus mit Solardach und Pufferbatterie gehören. Mieter stehen vermutlich in den nächsten Jahren, was das Auto angeht, vor anderen Fragestellungen.

Betrachtet man den Bedarf der Wärmepumpen, scheint die Situation zunächst deutlich günstiger, denn ich heize ja über den Tag, wenn die Sonne scheint. Hier gibt es aber zwei Probleme: Heizen muss ich im Winter, wenn der Sonnenertrag einen Faktor 2 - 3 geringer ist als im Sommer. Weiterhin will ich morgens das warme Badezimmer nutzen können, sodass sich die Hühnerlücke verstärkt. Ob sich die Leute stattdessen einen kleinen Akku-Heizlüfter hinstellen werden, mag man bezweifeln. Diese ganzen Lösungen setzen zudem voraus, dass ein Automat meine Geräte koordiniert, in meinem Sinne schaltet und dabei auf die Preis- und Wetterprognosen zurückgreift. Davon sind wir noch ziemlich weit entfernt.

Strom ist eben einfach da und kostet scheinbar immer das Gleiche, daran haben wir uns gewöhnt. Was den Wasserstoff angeht: Wir werden mit Blick auf die Versorgungssicherheit definitiv nicht darauf verzichten können.

Negative Emissionen

Die großen Kohlenstoffspeicher der Erde sind der Ozean, die belebte Erdoberfläche und die Atmosphäre, die sich ständig untereinander austauschen. Natürlich ist auch in Gesteinen Kohlenstoff vorhanden, aber diese Region der Erdoberfläche nimmt nur in geringem Umfang am Austausch teil, wobei der Mensch wesentlich daran mitwirkt, wenn er das Unterste nach oben kehrt. Die Klimaforschung hat dazu beigetragen, dass die Kohlenstoffflüsse sich heutzutage zu einem großen Forschungsgegenstand entwickelt haben. Das bedeutet auch, dass es noch viele offene Fragen gibt, die hier etwas zu weit führen würden. Wir wollen uns deshalb nur mit drei wichtigen Erzählungen befassen, die im Zusammenhang mit der Energiewende eine gewisse Rolle spielen: das Herausfiltern von Treibhausgasen aus der Luft mit anschließender Einlagerung, das Vernässen der Moore und die Waldwirtschaft.

Beginnen wir mit der rein technischen Lösung, dem „direct air capture". Das ist etwa so, wie Stecknadeln aus dem Heuhaufen herauszufiltern, denn der Anteil des CO_2 an der Luft beträgt ja nur 0,4 Promille, also 4 von 10.000 Molekülen. Dabei kann man die Luft durch eine Flüssigkeit „blubbern" lassen, wobei sich das Kohlendioxid mit Bestandteilen der Flüssigkeit verbindet und dann abgeschieden werden kann. Anschließend muss man das CO_2 wieder aus dieser Verbindung heraustrennen und gewinnt so auch den Reaktionspartner zurück, der wiederverwendet werden kann. Das CO_2 versenkt man möglichst tief unter der Erdoberfläche, wo man den Kohlenstoff auch hergeholt hat. Dort bleibt es entweder als CO_2-Gas, oder das Gas geht mit dem umliegenden Gestein eine Verbindung ein und verändert dessen Struktur. In der Fachsprache: Basalt verwittert zu Carbonaten wie Calcit, Dolomit und Magnesit.[213] Statt die Luft durch eine Flüssigkeit zu schicken, kann man auch spezielle Filtermaterialien verwenden, die die CO_2-Moleküle an ihrer Oberfläche andocken. Die Filter setzen sich nach und nach zu und müssen dann in einem Wärmeprozess ausgeheizt werden, wobei das CO_2 wieder frei wird. Man erkennt daraus schon, dass auf jeden Fall Energie erforderlich ist, um die Filtersubstanzen

---

213 www.ingenieur.de/technik/fachbereiche/umwelt/vulkangestein-speichert-klimaschaedliches-co2-in-fester-form/

zu reinigen. Daher muss man aufpassen, dass man dabei nicht mehr Treibhausgas produziert, als man anschließend herausfiltert, also geht es nur mit Grünstrom. Weiterhin braucht man eine Möglichkeit für die Endlagerung des CO_2, oder man muss es weiterverwenden, beispielsweise bei der Produktion sprudelnder Softgetränke. All das sind hohe Anforderungen, die den Preis für die Tonne entferntes CO_2 natürlich in die Höhe treiben. Dieser Preis ist zwar angeblich nicht mehr weit von den Handelspreisen für Verschmutzungszertikate des Europäischen Emissionshandelssystems entfernt, aber nur, wenn hinreichend billige Abwärme und Ökostrom zur Verfügung stehen und die Lagerstätte sozusagen um die Ecke ist. Das größte Werk dieser Art steht deshalb auch auf Island[214]. Mit einer Kapazität von 4.000 Tonnen CO_2 pro Jahr ist diese Anlage noch eher winzig. Zum Vergleich betrug allein der Jahresausstoß Deutschlands[215] 666 Millionen Tonnen CO_2, also deutlich mehr als das Hunderttausendfache. Oder wählen Sie als Vergleich einen Pkw, der bei 100 g/km und einer jährlichen Fahrleistung von 10.000 km insgesamt 100 x 10.000 = 1 Mio. Gramm oder 1 Tonne ausstößt. Die Anlage reicht also gerade mal für 4.000 Pkw im Jahr. Das Unternehmen hat zwar große Summen an Investorengeldern eingesammelt, um massiv auszubauen, man muss sich aber fragen, ob es um Klimaschutz oder Ablasshandel geht[216]. Ich kann mich schließlich als grünes Unternehmen präsentieren, wenn ich zwar weiterhin Treibhausgase freisetze, aber für einen kleinen Teil meines Geldes Klimazertifikate kaufe, damit die Atmosphären-Reinigungsfabrik etwas zu tun hat. Das wäre etwa so, als ob Ihre Waschmaschine ein Leck hat und Sie die Putzlappen

---

[214] climeworks.com/plant-orca

[215] www.umweltbundesamt.de/daten/klima/treibhausgas-emissionen-in-deutschland/kohlendioxid-emissionen#kohlendioxid-emissionen-2022

[216] www.deutsche-bank.de/ms/results-finanzwissen-fuer-unternehmen/geschaeftsstrategie/04-2022-die-co2-faenger.html

immer zwischendurch in den Wäschetrockner packen, damit Sie wieder trockene zum Aufwischen haben.

Können komplexere technische Ansätze also überhaupt das Problem lösen? Weil eine Menge Fachleute das bezweifelt, werden seit einigen Jahren einfache natürliche Ansätze diskutiert. Der Basalt, der in der Tiefe das Kohlendioxid bei der Endlagerung binden soll, könnte dieses auch an der Oberfläche tun. Der Prozess findet bereits in der Natur statt und Basalt reagiert mit CO_2 aus der Atmosphäre[217], allerdings umfasst das nur 0,3 % der menschengemachten Emissionen. Die Lösung soll also darin bestehen, Gesteinsmehl vor allem in den Tropenregionen auszubringen, wo es wegen der Feuchtigkeit schnell verwittert und den ansonsten sehr kargen Boden damit düngt. Das Gesamtpotenzial wird mit sehr konservativen Annahmen auf maximal zweieinhalb Gigatonnen Kohlendioxid pro Jahr geschätzt, etwas mehr als 5 % der weltweiten jährlichen Emissionen. Wir betreten damit aber erneut unbekanntes Gelände, indem wir Gift mit Gegengift behandeln. Dieses „Geo-Engineering", also die deutliche Beeinflussung des Klimas durch den Menschen, unterstellt immer wieder, dass es uns gelingt, das alte Klima wiederherzustellen. Möglicherweise stellen wir aber auch nur ein anderes Klima her, und die physikalischen Zusammenhänge erweisen sich als so komplex, dass eine korrekte Vorhersage als zumindest sehr schwierig erscheint. Es ist ein Spiel mit unserem Planeten.

Wie sieht es aus mit dem Binden von CO_2 in Biomasse, also vor allem in Holz und Pflanzenresten? In der Öffentlichkeit werden immer wieder das Aufforsten von Wäldern und das Wiedervernässen von Mooren als Ansätze genannt. Vor allem ein älterer Wald bindet sehr viel Klimagas in den Stämmen. Wenn man das Holz nach dem Absterben im Wald verrotten lässt oder nach dem

---

217 www.spektrum.de/news/negative-emissionen-mit-gesteinsmehl-gegen-den-klimawandel/1938079

Fällen in Möbeln oder Häusern verbaut, wirkt dieser Speicher auch über die Lebenszeit eines Baums hinaus. Wenn man allerdings das Holz verbrennt, beispielsweise in Pellets, verdirbt man diese Bilanz, weil der Kohlenstoff dann wieder freigesetzt wird. Der Kohlenstoffspeicher ist deshalb auch nicht sicher, denn bei Waldbränden gerät die Bilanz völlig aus dem Ruder. Das Wiedervernässen von Mooren ist zwar wirksam, bietet aber keine negativen Emissionen. Trockengelegte Moore geben durch das Verrotten der Torfsubstanz Methan an die Erdatmosphäre ab. Wenn man sie vernässt, ist der Torf wieder vom Luftsauerstoff abgeschlossen und der Prozess wird gestoppt, wie man das beispielsweise von den Moorleichen kennt. Man verhindert also nur die weitere Emission von Klimagas, aber als negative Emission kann man das wahrlich nicht bezeichnen.

Auch die Verwendung von Emissionszertifikaten, die vorgeben, durch Aufforstung in Entwicklungsländern oder das Vermeiden von Abholzungen CO_2 zu binden, ist höchst fragwürdig und hält einer wissenschaftlichen Überprüfung nicht einmal mit geschlossenen Augen stand[218]. Wenn Unternehmen damit werben, haken Sie das unter der Kategorie „Märchen" ab, man könnte es auch als grobe Lüge bezeichnen. Die eine oder der andere erinnert sich vielleicht noch an die Regenwald-Kampagne einer Brauerei, bei der sie einen Quadratmeter Regenwald pro Kiste Bier wieder aufforsten wollte. Wenn Sie das nachrechnen: Ganz Deutschland wäre den ganzen Tag besoffen, um hier überhaupt einen nennenswerten Beitrag zu leisten. Vielleicht war das auch die Voraussetzung für die Kampagne.

Viele wohlgemeinte oder zumindest interessante Ideen zur Eindämmung der Klimakrise muss man doch sehr kritisch sehen und sich fragen, ob man uns nur ablenken will. Das gilt insbesondere für das Thema der negativen Emissionen, die den Charakter eines

---

218 www.science.org/doi/10.1126/science.ade3535

Beruhigungsmittels haben. Den Alltagsmenschen fehlt vielfach eine Vorstellung von der Größenordnung des Problems. Also bietet man an, dass die Maus den Tyrannosaurus Rex besiegen soll. Das wird dann dankend aufgegriffen im Sinne hoffnungsvoller Aussichten. Aber wenn wir wirklich Treibhausgase aus der Luft holen müssen, um zu überleben, steht uns das Wasser längst bis zum Hals. Vielleicht ist das schon der Fall.

Energetische Amortisation

Eine sehr subtile und nachhaltige Erzählung zur Energiewende ist die Behauptung, die regenerativen Energien seien so wenig ertragreich, dass sie die Energie zu ihrer Herstellung nie wieder einspielen würden. Mit anderen Worten: Es bleibt alles nur Spielkram von unreifen grünen Schnöseln. Das scheint zumindest denkbar, aber was wäre die Folgerung aus diesem Argument? Weiter Kohle und Öl verbrennen oder Kernkraft nutzen? Mit einem solchen Irrlicht wollen wir das Kapitel über Dichtung und Wahrheit zum Ende bringen.

Wenn man – wie man es tun müsste – beim Verhältnis von erhaltener zu reingesteckter Energiemenge den Verbrauch und nicht nur den Herstellungsaufwand mitzählt, ist dieser sogenannte Erntefaktor bei Verwendung fossiler Energieträger immer kleiner als 1. Wir hatten ja schon beim Wirkungsgrad gesehen, dass Kohlekraftwerke dann unter 0,5 zu liegen kommen, was bedeutet, dass weniger herauskommt, als man hineinsteckt. Weiterhin waren Jahrmillionen erforderlich, um die Kohlereserven aufzubauen. Entsprechend wäre die Amortisationszeit der Kohlekraftwerke bis zur Carbon-Zeit zurückzurechnen. Das ist irgendwie Unfug, der Erntefaktor oder EROI (Energy return on invested) oder auch ERoEI (Energy return on energy invested) macht für Fossile eigentlich keinen Sinn. Der entsprechende Eintrag bei Wikipedia[219] gibt

[219] de.wikipedia.org/wiki/Erntefaktor

wenigstens noch Hinweise darauf, aber wer nur auf die Tabelle schaut, findet dort für Kohlekraftwerke dennoch Werte um die 30. Warum das?

Man sollte natürlich trotzdem überprüfen, ob die Regenerativen ihre Energie wert sind, denn ansonsten sollte man sie lassen. Zu Beginn der Energiewende waren die Anlagen noch ziemlich klein und wurden mit hohem Aufwand hergestellt. Das ist der mögliche Ursprung dieser Erzählung, nur ist sie längst nicht mehr wahr. Wenn Sie sich einfache Zahlen merken wollen: Windenergieanlagen fahren nach etwa einem halben Jahr[220] in die energetische Gewinnzone, Photovoltaikanlagen etwa nach einem Jahr[221]. Die Behauptung, dass alles sich nicht lohnt, ist also barer Unsinn.

Wem nützt es?

Hin und wieder, wenn die Energiewende Fahrt aufnimmt, tauchen neue Geschichten, Aufreger, Shitstorms, Werbekampagnen, Wahlslogans oder Autoaufkleber auf, die die Transformation infrage stellen oder lächerlich machen sollen. Die Standard-Gegenfrage an Leute, die solche Maßnahmen erfinden oder die solchen Erzählungen folgen, kann nur lauten: Was sind eure Alternativen? Dann wird es in der Regel sehr schnell still oder unsachlich, denn die Optionen sind ziemlich begrenzt, sofern man die Notwendigkeit für Maßnahmen nicht grundsätzlich leugnet. Als Laie fühlt man sich natürlich überfordert, so einer Diskussion standzuhalten, insbesondere, wenn die Aussagen von selbsternannten Experten kommen.

Gibt es denn keine Methode, schnell zu erkennen, was der Absender der Nachricht plant? Doch, Aussagen zur Energiewende können selten schwarzweiß ausfallen, sondern sind meistens an

---

220 www.naturschutz-energiewende.de/fragenundantworten/148-energetische-amortisation-windenergieanlagen/

221 www.ise.fraunhofer.de/content/dam/ise/en/documents/press-releases/2021/1721_ISE_e_PR_PV-Report.pdf

Bedingungen geknüpft, bieten mehrere Handlungsoptionen oder sind auf den zweiten Blick doch nicht so positiv. Dafür haben Sie in diesem Buch schon viele Beispiele genannt bekommen, und manchmal wirkt es etwas ermüdend. Wer Ihnen also beim Klimaschutz einfache Lösungen anbietet, die geradezu genial erscheinen, hat selten Recht und weiß das womöglich auch. Es geht um Profit, um Stimmenfang, um Mehrheiten oder schlicht um Unruhe. Erliegen Sie nicht Ihrem eigenen Überdruss an diesem Thema. Je lauter oder schriller solche Lösungen daher kommen oder je größer der Neuigkeitswert und die Aufregung sind, umso eher scheint Vorsicht angebracht. Es gilt die einfache Frage jedes Kriminalromans: Wem nützt es?

Auch zu optimistische Voraussagen sind gefährlich, denn man könnte ja keinen Handlungsdruck mehr verspüren. Das Urteil des Bundesverfassungsgericht zur Energiewende macht das deutlich: Die Politik muss Zwischenziele definieren und kann nicht alles auf 2050 verschieben. Veränderungen in einem laufenden System können wir nicht abrupt vornehmen, weil man dazu praktisch unbegrenzte Ressourcen bräuchte. Lenken Sie mal Ihr Auto bei höherer Geschwindigkeit im scharfen Winkel um die Ecke. Der einzige Effekt wird sein, dass Sie sich so lange überschlagen, bis die Bewegungsenergie aufgebraucht ist. Die Physik sagt: Es geht weiter geradeaus, basta. Um das zu verhindern, müssten Sie das Auto im Moment des Lenkeinschlags am Boden festkleben und hoffen, dass der Bodenbelag das aushält.

Insofern schaffen wir die Energiewende auch nicht in wenigen Jahren, denn so viel Geld und so viele neue Geräte und Anlagen fallen nicht heute vom Himmel. Dazu braucht man ausreichend Material, Fabriken und Fachkräfte. Die Idee mancher Laien – und dazu gehören auch leider immer mal wieder Menschen aus der Politik – ist, dass ich mir etwas ausdenke, und dann wird das auch sofort Wirklichkeit. In ihrer Welt erscheint der Akt des Denkens und Entscheidens als das eigentliche Handeln. Danach kommt noch die Kleinigkeit des Umsetzens. Wer ein wenig Lebenserfahrung mitbringt, dem wird es leichter gelingen, auch hier Dichtung und Wahrheit zu unterscheiden.

5. Was wir noch tun können
Oder:
Zwischen Wut und Zuversicht

Wenn man sich dem Ende eines Vortrags zum Thema Energiewende nähert, bemerkt man immer wieder, dass die Zuhörerschaft anfängt, nervös auf den Sitzen hin und her zu rutschen und mit den Füßen zu scharren. Der Zeitdruck, den wir uns jetzt bei der Transformation eingehandelt haben, macht unruhig. Außerdem hat man Geduld beim Vortrag bewiesen und nun will endlich wissen, was man selbst tun kann.

Es gab in den vorangegangenen Kapiteln schon eine Menge Hinweise darauf, was jede und jeder für sich tun kann, angefangen beim Heizen über die Elektromobilität und den Konsum bis zur Ernährung. Auch wenn das manchmal ein wenig verklausuliert war, dürfte Ihnen der Wink mit dem Zaunpfahl schwerlich entgangen sein. Manches davon muss man nur wollen, beispielsweise Kleidung länger tragen oder gelegentlich auf Bus oder Bahn umsteigen. Manches geht auch nicht so einfach, beispielsweise mit gebrechlichen Personen ohne Auto einen Ausflug machen. Die Uroma hüpft nicht mal eben vorne ins Lastenrad. Teilhabe an der Gesellschaft setzt vieles voraus, wir sind in reale soziale Netzwerke eingebunden und signalisieren unsere Zugehörigkeit über Verhalten und Statussymbole. Jugendliche ohne ein neueres Mobiltelefon – das geht gar nicht. Der Familienvater ohne Familienkutsche scheint undenkbar; man gilt dann bestenfalls als komischer Heiliger.

Es sind die elementaren gefühlsmäßigen Bedürfnisse, die uns davon abhalten, nur rational im Sinne des Klimaschutzes zu handeln. Wir alle wünschen uns Zuneigung, Anerkennung, Selbstverwirklichung und ein sinnerfülltes Leben, und zwar nicht in irgendeiner Gesellschaft, sondern genau in unserer. Es soll vorwärts gehen, nach oben. Dass sich Unternehmen diese Bedürfnisse zunutze machen und damit versuchen, Geld zu verdienen, mag man kritisieren, aber so ist es und so bleibt es, solange wir es mitmachen. Wer sich aus Überzeugung möglichst klimaneutral verhält, muss aufpassen, dass er nicht nach ein paar Jahren vollkommen frustriert dasteht und sich – pardon – verarscht vorkommt. Sie werden deshalb am Ende dieses Kapitels möglicherweise irritiert sein, denn die Sache mit dem eigenen Handeln erweist sich als etwas vertrackt.

Was gar nicht mehr geht

In meinem Baumarkt bin ich neulich über Steinfiguren von den Osterinseln gestolpert. Die waren natürlich aus Plastik, sahen aber sehr echt aus. Ein älteres Paar stand davor und beratschlagte, ob das ein Deko-Objekt für ihren Garten sei. Als Klugscheißer war ich hin- und hergerissen, sie über den Hintergrund dieser Prestigeobjekte aufzuklären und ihnen die Lektüre des Buchs „Kollaps" von Jared Diamond (s. o.) zu empfehlen, Untertitel „Warum Gesellschaften überleben oder untergehen". Diese Figuren, Moai genannt, waren wohl als Statussymbol der Todesstoß für eine insgesamt geschwächte Gesellschaft und haben dazu beigetragen, dass die Osterinseln heute unbewohnt sind. Die Leute mussten die letzten Bäume fällen – so eine Theorie –, um die Statuen transportieren und errichten zu können. Wer hatte damals am Ende den Größten? Niemand! Das Ehepaar ist dann übrigens von selber ohne Kauf abgezogen, meine Intervention war unnötig. Hätte ich den Mund aufgemacht, wäre das sicher nur mit dem schönen deutschen Wort „moralinsauer" zu beschreiben gewesen, was nach Duden bedeutet „in übertriebener, aufdringlicher Weise sittenstreng". Soll man dennoch eingreifen, wenn Leute Dummheiten begehen, die unserer aller Untergang bedeuten könnten? Wo liegt die Grenze und wo beginnt die Engstirnigkeit? Dazu ein paar Ansichten zum Nachdenken, nichts Wissenschaftliches.

Null Toleranz sollte gelten, wenn Leute die Klimakrise immer noch relativieren oder sogar leugnen. Das sind keine Klimaleugner, sondern Wissenschaftsleugner, die gerne glauben können, die Erde sei eine Scheibe und der Mensch am siebenten Tag erschaffen. Solange die persönliche Ansicht harmlos ist, gibt es wenig dagegen zu sagen. Bei der Klimakrise ist sie nicht harmlos. Wir haben das Leugnen des fabrikmäßigen Mordes an jüdischen Mitbürgern[222] während der Nazi-Herrschaft unter Strafe gestellt, § 130 (3) des Strafgesetzbuches. Brauchen wir etwas Vergleichbares auch für die Klima-/Wissenschaftsleugner? Es wäre zumindest eine Überlegung wert und vermutlich auch realisierbar. Immerhin hat das Bundesverfassungsgericht schon geurteilt, dass es die Klimakrise gibt (s. o.). Die Weltgesundheitsorganisation WHO sagt voraus: „Es wird erwartet, dass der Klimawandel zwischen 2030 und 2050 etwa 250.000 zusätzliche Todesfälle pro Jahr verursachen wird, allein durch Unterernährung, Malaria, Durchfall und Hitzestress."[223] Alles zusammengenommen ist das mehr als nur eine Meinung. So hart es klingen mag: Gegenwärtig machen die Vertreter einer fossilen Energieversorgung sich sehenden Auges des Völkermords mitschuldig.

Aus einer unwissenschaftlichen Grundhaltung resultiert auch das Verhöhnen von Menschen, die sich im Privaten wie im öffentlichen Raum für den Klimaschutz engagieren. Selbst wenn diese Frauen und Männer sich durch Ansichten, Verhalten oder Kleidung von Erika und Otto Mustermann unterscheiden, gehört ihnen doch Achtung entgegengebracht, weil sie sich eigentlich verantwortungsbewusst verhalten. Das gilt natürlich nur, wenn auch diese „Ökos" sich im Rahmen gesicherter Kenntnisse bewegen

---

[222] www.swr.de/wissen/1000-antworten/6-millionen-holocaust-opfer-woher-stammt-diese-zahl-102.html

[223] www.who.int/news-room/fact-sheets/detail/climate-change-and-health, Übersetzung durch den Autoren

und nicht irgendwelchen abstrusen Theorien mit Alu-Hut anhängen. Konsequenterweise bedeutet null Toleranz auch ein Ende des sogenannten „false balancing“, also des falsch verstandenen journalistischen Ausgleichs zwischen den Meinungen. Auf ein Podium – um es noch einmal zu wiederholen – gehören einfach keine Leute, die Ansichten vertreten, die dem fachwissenschaftlichen Urteil, also der allgemeinen Erkenntnis, widersprechen. Zwar gibt es auch in der wissenschaftlichen Diskussion immer wieder und hoffentlich abweichende Meinungen, aber die Wissenschaft hat Methoden entwickelt, um hier die Spreu vom Weizen zu trennen. Das kann die allgemeine Zuhörerschaft nicht leisten, und so entsteht der Eindruck, es gäbe hier noch Diskussionsbedarf. Solche Sendungen sollten wir meiden, auf dass sie der geringen Zuschauerquote zum Opfer fallen.

Ein zweites No-Go ist die verdeckte Stabilisierung des bestehenden Energieversorgungssystems. Öffentliche Einrichtungen sollten sich nicht immer noch finanziell in fossilen Technologien engagieren. Das Beispiel des KenFo hatten wir ja schon erwähnt, und hier scheint sich neuerdings etwas zu tun. Ein konsequenter Ausstieg sollte aber auch für jede Gemeinde oder jedes regionale Geldinstitut oder Stadtwerk gelten. Damit legt man natürlich die Latte hoch, aber wer, wenn nicht die öffentliche Hand, sollte mit gutem Beispiel vorangehen. Es ist schließlich unser Geld, und das sollte auch unserem Wohl dienen. Am Ende ist der Preis, den wir zu zahlen bereit sind, in den praktischen Auswirkungen unseres Wirtschaftssystems eine Güterabwägung zwischen dem guten Leben aller und dem Reichtum weniger. Ein Stadtwerk, das wegen der erwarteten Rendite immer noch auf Erdgas setzt und als Feigenblatt ein bisschen Wasserstoff beimischt, gehört von seinen Aufsichtsgremien und diese Gremien selbst von ihren Wählern zurechtgewiesen. Hier liegt die Entscheidung klar auf der Hand.

Nicht immer ist es allerdings so offensichtlich, dass die Investitionen „schwarz“ sind. Bei Aktien kann man sich noch die Mühe machen, die Geschäftspolitik der Unternehmen zu analysieren und für sich selbst zwischen Gut und Böse zu unterscheiden. Gänzlich undurchsichtig wird es bei Fonds und dem entsprechenden Klima-Rating durch Agenturen[224], zumal dort fast immer die gesamten ESG-Kriterien (Environmental, Social and Governance = Umwelt, Soziales und gute Unternehmensführung) herangezogen werden. Jede Vermischung erlaubt dann eine Kombination und Verrechnung der verschiedenen Bewertungen bis hin zur völligen Vernebelung. Die EU-Kommission hat mittlerweile darauf reagiert: „Am ESG-Ratingmarkt mangelt es derzeit an Transparenz. Die Kommission schlägt daher eine Verordnung vor, um die Zuverlässigkeit und Transparenz von ESG-Ratings zu verbessern. Neue organisatorische Grundsätze und klare Regeln zur Vermeidung von Interessenkonflikten werden für mehr Integrität hinsichtlich der Tätigkeiten von ESG-Ratinganbietern sorgen."[225] Wer gegenwärtig nur grüne Geldanlagen möchte, hat es also noch etwas schwer. Aber schon die Absicht zählt und wird in den betreuenden Geldinstituten Überlegungen in Gang setzen, wenn nur genügend Kunden sie mit der Nase darauf stoßen.

Was auch gar nicht mehr geht, ist – salopp gesagt – die dicke Hose zu Lasten der Umwelt. Brauchen wir wirklich die Formel 1 noch? Es gibt doch auch keine Dampflok-Geschwindigkeitsrekorde mehr. Man hat die Rennen mit Verbrennungsmotoren jahrelang begründet mit den technischen Fortschritten, die dann ja auf die normalen Pkw übertragen würden. Gleiches gilt auch für die Rallye Dakar[226]. Wenn wir jetzt aber alle auf E-Fahrzeuge umsteigen, reicht mit dieser Begründung die Formel E bzw. der ePrix[227].

---

[224] academic.oup.com/rof/article/26/6/1315/6590670
[225] germany.representation.ec.europa.eu/news/nachhaltige-finanzen-eu-kommission-macht-neue-vorschlage-fur-eu-taxonomie-und-esg-kriterien-2023-06-13_de
[226] www.dakar.com/en
[227] www.motorsport-magazin.com/formele/reglement.html

Vor der Erfindung des Autos ist niemand mit Rennwagen herumgefahren, nach der Erfindung waren Kutschenrennen nahezu aus. Die Geschichte schreitet voran, und die Kritik an Hochleistungsdreckschleudern hat nichts mit Miesepeterei zu tun. Für diese sogenannten Sportereignisse sollte zumindest der öffentlich-rechtliche Rundfunk kein Geld ausgeben, und die Kür der Formel-1-Weltmeister gehört sowieso nicht in die Hauptnachrichten. Es sind Helden und damit Vorbilder von gestern, finanziert von einer Reihe von Unternehmen, die irgendwelche Gründe vorschieben, um im Zusammenhang mit so einem Ereignis genannt zu werden[228]. Eine Erdölfördergesellschaft und einen Reifenhersteller versteht man ja noch. Aber was haben eine Brauerei, ein Logistikunternehmen, ein Online-Händler, ein Kreuzfahrtunternehmen, ein Sportartikelhersteller oder ein Kreditkartenunternehmen mit Autorennen zu tun? Im Übrigen: Warum belässt man es nicht einfach bei der Formel 1 und ändert das Reglement so, dass Elektro-Renner teilnehmen können? Hat man etwa Angst, schlecht dazustehen? Das Drehmoment eines Verbrennungsmotors lässt jeden Elektromotor schmunzeln, aber eben leise.

Wir dringen mit der Frage nach dem Sinn solcher Veranstaltungen und dem Sponsoring in Bereiche vor, in denen es um Werbung und das Prägen unserer Wertmaßstäbe geht, um unseren Lebensstil. Für was geben wir unser Geld aus und warum tun wir das? Das wohl bekannteste Zitat dazu stammt aus dem Film „Fight Club“: „Von dem Geld, das wir nicht haben, kaufen wir Dinge, die wir nicht brauchen, um Leuten zu imponieren, die wir nicht mögen.“[229]

Natürlich ist Motorsport nicht die einzige Branche, die dazu dient, Produkte emotional aufzuladen. Ob es nun um Zeichentrickfiguren geht, die den Verkauf von Süßigkeiten befördern

---

228 www.formula1.com/en/toolbar/partners.html
229 www.filmzitate.de/zitat/1b6d5d94866ca644b

sollen, oder ob wir die Zuneigung zu unseren Lieben an Weihnachten damit ausdrücken sollen, dass wir ihnen ein Duftwässerchen schenken: Es ist alles merkwürdig fremd, ohne tatsächlichen Zusammenhang, eine Ersatzhandlung, aber es hält das Wirtschaftswachstum am Laufen. Letztlich liegt es wohl ganz persönlich an jeder und jedem, ob wir uns von diesen Trugbildern lösen können oder müssen. Zudem können es sich nicht alle Menschen finanziell leisten, den Versprechungen zu folgen. Und es liegt auch an uns, ob wir öffentlich Position beziehen, sobald Werbung unsere Gesundheit oder sogar unser Leben gefährdet. Wenn Sie also mögen, kaufen Sie sich gerne eine Maoi-Steinfigur für Ihren Balkon. Dann werden Sie zumindest täglich an die Klimakrise erinnert.

Fahren mit angezogener Handbremse

Es geht nicht voran mit der Energiewende, oder? Wenn Sie auch diesen Eindruck haben, sollte man wohl gemeinschaftlich überlegen, woran das liegt und wie man es ändern kann. Dabei gerät man leider sehr schnell auf den Pfad der Verschwörungstheorien, der finsteren Mächte, der unsichtbaren Hand oder der militanten Weltrevolution. Aber eigentlich ist die Sache sehr einfach zu verstehen: Jeder denkt an sich, nur ich, ich denke an mich. Jedes menschliche Wesen verhält sich erstmal egoistisch. Das gilt eher nicht in der Beziehung zu nahen Verwandten, aber es gilt sicher, wenn es über die Familie hinausgeht. Unsere Kinder und Enkel sind uns noch relativ nah, aber unsere Urenkel – sofern wir sie überhaupt noch erleben – sind uns schon merkwürdig fremd in einer merkwürdig fremden Zukunft. Wenn es also Menschen gibt, die glauben, sie müssten möglichst viele Reichtümer anhäufen, um für schlechte Zeiten gewappnet zu sein, kann man dafür durchaus Verständnis haben. Dass es diese schlechten Zeiten ohne ihren Egoismus womöglich gar nicht geben wird, ist ihnen nur schwer zu vermitteln.

Wie fühlt sich also ein Manager eines Automobilkonzerns, wenn er auf Jahrzehnte hinaus noch Pkw mit Verbrennungsmotoren anbietet. (Von den zehn größten Herstellern hat nur einer eine Chefin, deshalb das „Er".) Es gibt eine Menge Gründe, warum er diese Geschäftspolitik betreibt. Was interessiert die Aktionäre dieser Unternehmen? Renditen, das schnelle Geld oder eventuell doch der nachhaltige Wert ihrer Aktien, nachhaltig im Sinne der eigenen Lebensspanne? Die Bilanzpressekonferenzen zielen eigentlich immer auf die Elemente ab, die sich hinterher mit Geld messen lassen. Bei der Zukunftsfähigkeit der Unternehmen findet man weise Worte und verweist pflichtgemäß auf das gute ESG-Rating, das war's. Daran wird das Management gemessen, dementsprechend bleibt man im Job und bekommt seine Boni. Mit genügend Boni auf dem Konto kann einem im Grunde der Rest egal sein. Man kann dann sein Verhalten sogar bereuen, aber verändert hat man nichts, als man es gekonnt hätte. Das kranke System stabilisiert sich selbst, solange wir ihm nicht neue Spielregeln vorgeben. Die Transformation der Energieversorgung ist fließend und hängt uns wie Blei an den Füßen. Maschinenparks, Werkshallen und Herstellungsprozesse sind auf die Fossilen ausgerichtet, die Beschäftigten haben Angst um ihre Arbeitsplätze, die Veränderungen bedeuten mehr Investitionen und weniger Renditen, auf die die Börse kurzsichtig reagiert. Im Grunde sitzen wir alle gemeinschaftlich an der Handbremse. Es muss wohl leider Geld und vielleicht auch Leben kosten, sich nicht zu verändern. Gesundheit und Glück reichen nicht als Motivation.

Selbstverständlich gibt es starke Kräfte, die ein Verharren in der fossilen Welt für erforderlich halten. Wer als autoritärer Herrscher davon abhängt, dass sein Land weiter Einnahmen aus Öl, Gas oder Kohle erwirtschaftet, wird wirklich alles tun, um das System zu bewahren. Es könnte ihn sonst seine Macht, seine Freiheit oder sogar sein Leben kosten. Immerhin kommt über die Hälfte der

Welterdölproduktion aus nicht demokratisch regierten Ländern.[230] Im übertragenen Sinne gilt diese Selbstsucht auch für die Chefs von Unternehmen, deren einziger Zweck darin besteht, fossile Lagerstätten auszubeuten, fossile Produkte herzustellen oder sie zu transportieren. Auch ihr persönliches Wohlergehen hängt an einer Weltsicht, die uns die Welt kosten könnte. Überall stecken gewaltige Geldmengen in diesen Geschäften, und es lohnt sich fast immer, eine größere Summe abzuzweigen, um gegen Klimaschützer vorzugehen, wissenschaftliche Gutachten zu bestellen, die öffentliche Meinung im Sinne der Profiteure zu beeinflussen und Gegnern in letzter Konsequenz einen Sarg vor die Haustür zu stellen.

Um hier nicht in Verschwörungstheorien abzurutschen, zitieren wir mal die ARD als öffentlich-rechtlichen Rundfunk zur Weltklimakonferenz 2023 in Dubai (COP28): „Der führende deutsche Klimaforscher Ottmar Edenhofer zeigte sich von der Einflussnahme fossiler Lobbyisten auf der Klimakonferenz nicht überrascht. 'Wir müssen den Großteil der fossilen Ressourcen und Reserven an Kohle, Öl und Gas im Boden lassen, was ja im Kern bedeutet, dass die Vermögen von Öl, Kohle und Gas entwertet werden", sagte der Direktor des Potsdam-Instituts für Klimafolgenforschung. "Dass das nicht einfach so hingenommen wird, sondern dass die dann versuchen, sich dagegen zu wehren - damit musste man rechnen."“

Jede Verzögerung der Energiewende ist profitabel. Zeigen sich Erfolge der Erneuerbaren oder entwickeln sich vielversprechende neue Projekte oder Unternehmen, kann man versuchen, sie zu übernehmen und zum Misserfolg zu führen. Das wird erst richtig eindrücklich, wenn man es schon einmal am eigenen Leib erlebt hat. Zu den bekanntesten Beispielen gehört das Projekt GroWiAn, die erste große Windkraftanlage im Kaiser-Wilhelm-Koog, die

---

[230] www.ig.com/de/trading-strategien/die-weltweit-groessten-oelproduzenten-201030

1988 abgerissen wurde. Die Tageszeitung Welt, gemeinhin nicht gerade links der politischen Mitte verortet, zitierte RWE-Vorstandsmitglied Günther Klätte 1981 mit den Worten: "Wir brauchen GroWiAn, um zu beweisen, dass es nicht geht." Das Projekt sei von pädagogischer Natur, um Kernkraftgegner zum wahren Glauben zu bekehren.[231] Heute halten sich die Führungskräfte mit solchen Aussagen zurück. Dafür gibt es schließlich Propaganda-Experten, die sich für nichts zu schade sind (z. B. [232]).

Während diese Zeilen entstehen, tagt weiterhin die UN-Klimakonferenz in Dubai, und der OPEC-Generalsekretär hat nach mehrfach bestätigten Meldungen an eine Gruppe von Delegierten einen Brief versandt, bei dem es um das Abschlussdokument der Konferenz geht[233]. „Es scheint, dass der unangemessene und unverhältnismäßige Druck auf fossile Brennstoffe einen Wendepunkt mit irreversiblen Folgen erreichen könnte, da der Entscheidungsentwurf immer noch Optionen für den Ausstieg aus fossilen Brennstoffen enthält", heißt es in dem Brief. Weiterhin werden die Delegationen auf der COP28 aufgefordert, „proaktiv jeden Text oder jede Formel abzulehnen, die auf Energie, d. h. fossile Brennstoffe, statt auf Emissionen abzielt". Wieso regen wir uns also überhaupt noch auf, wenn sich Interessengruppen mit der Regelmäßigkeit eines Uhrwerks auf Gesetzesvorschläge, Maßnahmen oder politische Aussagen reagieren? Solange das im Rahmen einer seriösen Diskussion bleibt, kann man es sogar begrüßen, denn dann machen sie auf Schwächen in der Energiewende aufmerksam. Wenn es allerdings auf eine Freund-Feind-Auseinandersetzung mit persönlichen Angriffen und Lügen oder Teilwahrheiten, auf

---

[231] www.ingenieur.de/technik/fachbereiche/energie/studie-windkraft-jobmotor-bietet-staat-hohe-steuereinnahmen/

[232] heartland.org

[233] www.reuters.com/sustainability/climate-energy/opec-chief-urges-members-reject-any-cop28-deal-that-targets-fossil-fuels-2023-12-08/, Übersetzung durch den Autor

Bestechung und auf Bedrohung hinausläuft, geht es nur noch um ihren eigenen, kurzfristigen Vorteil. Diesen Leuten ist das Überleben zumindest eines großen Teils der Menschheit vollkommen gleichgültig, ihre eigenen Landsleute eingeschlossen. Hauptsache, die Kasse stimmt. Und wir lassen das zu. Sie liefern uns schließlich die Argumente für unsere Ausreden.

Nun kann man natürlich die Frage stellen, ob wir denn tatsächlich so langsam vorankommen. Dass es eindeutig zu langsam geht, scheint wohl unbestritten. Aber wir stehen nicht still. Dazu gibt es zu viel Geld zu verdienen. Von 2000 bis 2022 ist die installierte Windleistung an Land von 6 GW auf 58 GW angestiegen.[234] Mit der gleichen Geschwindigkeit wären wir 2045 bei etwa 112 GW. Dieses Ziel soll allerdings nach den Plänen der Bundesregierung bereits 2030 erreicht sein (ca. 115 GW[235]), aber immerhin. Weiter geht's. „Der Zubau neuer Photovoltaik-Anlagen kommt kontinuierlich voran, mit hohen Steigerungsraten. Allein in den ersten drei Quartalen 2023 wurden Anlagen mit fast 10.000 MW gebaut. ... Das Zubauziel für 2023 von 9.000 MW wurde damit bereits erreicht."[236] „Der Bundesrat setzt sich dafür ein, die Zulassungsverfahren für so genannte Elektrolyseure zu vereinfachen, um die Erzeugung von Wasserstoff zu erleichtern: Für Wasserstoffproduktionsstätten mit einer elektrischen Nennleistung bis 5 Megawatt soll die immissionsschutzrechtliche Genehmigungsbedürftigkeit künftig entfallen."[237] „Die Anzahl der Ladesäulen hat in den vergangenen Jahren kontinuierlich zugenommen. In Deutschland gab es

---

[234] www.wind-energie.de/themen/zahlen-und-fakten/deutschland/

[235] www.bundesregierung.de/breg-de/schwerpunkte/klimaschutz/energiewende-beschleunigen-2040310

[236] www.bundesregierung.de/breg-de/aktuelles/ausbau-erneuerbare-energien-2225808

[237] www.bundesrat.de/DE/plenum/bundesrat-kompakt/23/1038/1038-pk.html;jsessionid=E6DB129498EFEEBB0823ECDCDBF96744.live242?nn=4732016#top-62

zum 1. August 2023 rund 54.000 öffentliche Ladestationen für Elektroautos. Die Anzahl der Ladepunkte lag Anfang 2023 bei etwa 82.900."[238] Irgendwann wird die Handbremse versagen, wenn nur genügend Leute Gas geben. Wieso eigentlich Gas? Sprache kann verwirren.

Der persönliche Fußabdruck

Kennen Sie die Wort-Bild-Marke, das Logo, mit dem die Firma bp British Petroleum für sich wirbt? Das Bild mit der grün-gelben Sonnenblume ist mit dem Aufkauf der Tankstellen aus unserem Alltag verschwunden, aber wir sollten das Unternehmen weiterhin im Auge behalten, denn es hat einen Begriff aufgeschnappt und bekannt gemacht, den der Bestsellerautor Marc Elsberg mal als „teuflisch genialen Schachzug" bezeichnet hat. Es geht um den CO_2-Fußabdruck (Englisch: Carbon Footprint)[239], und es ist schon erschreckend, in welcher Weise dieser Ansatz heute überall nachgeplappert wird.

Zunächst einmal hört sich das sehr positiv an: Wir alle tragen Mitverantwortung für die Klimakrise, und deshalb können wir alle auch etwas dazu beitragen, dass die Welt ein besserer Ort wird. Es ist eine psychologisch äußerst raffinierte Mischung aus Lüge und Wahrheit mit nur einem Ziel: vom Verhalten der Ölfirmen abzulenken. Zur Erinnerung sind BP die mit Deep Water Horizon. Wie raffiniert diese Mischung ist, belegt sogar die Berichterstattung von der oben erwähnten Autorenlesung. Dort schrieb der anwesende Journalist am nächsten Tag in der Zeitung[240]: „Natürlich muss die Frage kommen, was Elsberg denn von der Letzten Generation

---

[238] de.statista.com/statistik/daten/studie/1407473/umfrage/bestand-an-ladesaeulen-in-deutschland/

[239] www.ardalpha.de/wissen/umwelt/nachhaltigkeit/co2-fussabdruck-carbon-footprint-shell-exxon-bp-taeuschung-klima-100.html

[240] www.abendblatt.de/hamburg/kultur/article239970902/Krimifestival-Wozu-ein-Autor-der-Letzten-Generation-raet.html

hält. „Es gibt klügere Kommunikationswege“, erklärt er gelassen. Die Letzte Generation sei im Vergleich zu anderen Klimaradikalen von früher ja harmlos – er würde sich jedoch wünschen, dass sie schlauere Wege finde, die wichtige Botschaft zur Klimakrise in die Gesellschaft zu bringen. Einen solch „schlaueren Weg“ habe etwa die Bundeszentrale für politische Bildung gefunden: Ihr CO2-Rechner sei ein „diabolisch genialer Schachzug“, denn dadurch würden Menschen auf ihre individuellen Klimasünden aufmerksam gemacht und könnten bei sich selbst anfangen.“ Hier hat jemand wirklich absolut gar nichts von dem verstanden, was Herr Elsberg gesagt hat. Er hat nämlich in Wirklichkeit bedauert, dass selbst halbstaatliche Institutionen auf diesen Trick von BP hereingefallen sind.

Was ist der Punkt? Natürlich können wir alle etwas gegen die Klimakrise tun. Beispiele dafür finden sich in diesem Buch genügend. Wir könnten alle seit vielen Jahren Elektroautos nutzen und dabei nur Grünstrom verwenden. Wir könnten alle seit vielen Jahren unseren Stromverbrauch besser an das aktuelle Angebot anpassen. Und natürlich könnten wir alle längst mit öffentlichen Verkehrsmitteln zur Arbeit fahren. Man muss es aber eben nicht nur wollen, sondern man muss es auch können. Was, wenn es keine Elektroautos gab, die Informationen über das Stromangebot nicht verfügbar waren und der Bus zweimal am Tag fuhr? Was, wenn ein großer Teil meines Fußabdrucks durch öffentliche Dienstleistungen entsteht? Wer Geld hat, für den wäre klimatisches Wohlverhalten eigentlich kein Problem, wobei aber offenbar das Gegenteil der Fall ist.[241] Wer kein Geld hat, für den kommen nur die preisgünstigste Lösung oder der Verzicht infrage. Wenn man also als Fossiler im Geschäft bleiben will, dreht man ein wenig an der Preisschraube, und alles bleibt, wie es ist. Wie erfreut sind wir alle,

241 www.umweltbundesamt.de/themen/hoeherem-einkommen-steigt-die-umweltbelastung

wenn der Benzinpreis wieder fällt (und die Folgekosten steigen). Man verpasst sich als Öl-Multi dann noch ein neues Logo und schwört Stein und Bein, dass man 2050 klimaneutral sei, wenn nötig durch negative Emissionen. Aber es kommt noch besser, und das ist das Diabolische am Genialen. Wer sich seinen Fußabdruck – übrigens auch so ein verniedlichendes Bild – ausrechnen lässt, bekommt schlechte Laune. Zunächst plagt einen das Gewissen. Dann sieht man, wie viel Verzicht erforderlich wäre, um im weltweiten Vergleich dabei sein zu können. Was ist die Folge? Das schaffe ich nicht, das kann ich nicht leisten, das will ich nicht! Thema erledigt, Energiewende ist schlecht. Resignation ist die teuflischste Art der Manipulation.

Wir sollten ganz anders an das Thema herangehen. Die erste Frage muss lauten, welche Mechanismen Menschen davon abhalten, sich klimafreundlicher zu verhalten. Der Umweltpsychologe Andreas Ernst hat die Verhaltensmuster wie folgt noch einmal zusammengefasst[242]:

- Es macht im Vergleich mit anderen Menschen nicht glücklich, genug zu haben. Die Anreize stehen zugunsten einer Vermehrung der individuellen Ressourcen, der individuellen Sicherheit und des individuellen Wohlstands weniger Auserwählter. Weil Wunscherfüllung durch den Konsum von Gütern, also von außen, am Ende nicht glücklicher macht, lassen sich immer neue Produkte nachschieben.
- Kleinkinder sind nicht in der Lage, sich vom Hier und Jetzt zu lösen. Wenn sie vor die Wahl gestellt werden, eine Süßigkeit sofort zu essen oder eine Zeitlang zu warten und dann zwei Süßigkeiten zu bekommen, fällt die Entscheidung praktisch

[242] link.springer.com/article/10.1007/s11613-023-00860-0

immer auf „sofort".[243] Erwachsene mögen einsichtiger sein, verhalten sich aber nicht so. „Konsum jetzt und möglicherweise Verzicht in einer unsicheren Zukunft wirken belohnend, belohnender als Verzicht jetzt und Konsum vielleicht in der Zukunft."

- Wenn wir irgendwo etwas eingespart haben, bietet es sich an, dieses Eingesparte für andere Zwecke auszugeben. Bei einem sparsameren Auto sinkt die Hemmschwelle zur Benutzung. Das Versprechen neuer Technologien ist, dass damit unser schädliches Verhalten abgemildert werden kann. Weiter oben haben wir das Thema bereits unter dem Stichwort des grünen Wachstums angesprochen. Wir brauchen dann allerdings nicht nur neue Ressourcen, sondern wir bräuchten auch ein vollständiges Recycling.
- „Letztendlich gilt es, an einer Stelle anzufangen, und am besten dort, wo man selbst am wirksamsten werden kann." Uns steht es in unserem demokratischen Gemeinwesen frei, uns jederzeit politisch zu engagieren oder zumindest unsere Meinung laut und deutlich zu sagen. Offenbar kommen wir aus der Klimakrise nicht heraus, ohne – wie Andreas Ernst sie nennt – ein paar „gesellschaftliche Kipp-Punkte" zu überschreiten und uns anders aufzustellen.

Was die Vermarkter des Fußabdrucks zudem nicht bedacht haben ist, dass es auch andere Wirkmöglichkeiten von Personen als nur in ihrem häuslichen Umfeld gibt. Wir sind fast alle beruflich aktiv und können dort durch die Wahl unseres Arbeitsplatzes, unseren Tätigkeitsbereich, unser Handeln und unsere Empfehlungen mit dafür Sorge tragen, dass unser Betrieb in zwanzig Jahren noch existiert und zukunftsfähig ist. Man kann das auch etwas revolutionärer

---

[243] www.srf.ch/play/tv/einstein/video/mohrenkopf-experiment-zum-zeitempfinden?urn=urn:srf:video:17898cf5-6db1-4d89-9017-fbc8d9039bf2

formulieren, frei nach dem deutschen Philosophen Hegel[244]: Der Knecht ist für den Herrscher unverzichtbar, der Herrscher für den Knecht jedoch nicht. Kluge Fachkräfte sind knapp.

Bildung

Immer, wenn uns nichts Besseres zur Lösung gesellschaftlicher Probleme einfällt, verweisen alle auf den Wert von Bildung. Die Ergebnisse der PISA-Tests[245] führen dann regelmäßig zu einem kurzen Aufschrei, man klagt über die zunehmende Verdummung der kommenden Generation, und anschließend kehrt man zum Tagesgeschäft zurück. Aber: Wer, wenn nicht wir, ist für die Chancen unseres Nachwuchses zuständig. Selbst, wenn Sie sich aus dem Generationenvertrag für Ihre Rente oder Pension verabschiedet haben, werden Sie Menschen brauchen, die die Renditen Ihres Rentenfonds erwirtschaften. Bildung ist zentral für die wirtschaftliche Entwicklung und für das Funktionieren der Demokratie. Und es ist ein Menschenrecht. „Bildung ist eine wichtige Voraussetzung für die aktive politische, wirtschaftliche, soziale oder kulturelle Teilhabe an der Gesellschaft. Das Menschenrecht auf Bildung ist die Grundlage dafür, dass Menschen ihre Rechte kennen und aktiv ausüben können."[246]

Jeder siebte Erwachsene in Deutschland sei funktionaler Analphabet, stellt die Aktion Mensch fest.[247] Im Gegensatz zu Analphabeten, die keinerlei Lese- und Schreibkenntnisse haben, können solche Menschen zwar einzelne Wörter und Sätze lesen und schreiben, aber nicht immer verstehen. „Berufe, in denen der Anteil funktionaler Analphabeten überdurchschnittlich hoch ist, sind

---

244 gedankenwelt.de/hegels-dialektik-von-herrschaft-und-knechtschaft/
245 www.oecd.org/berlin/themen/pisa-studie/
246 www.institut-fuer-menschenrechte.de/themen/wirtschaftliche-soziale-und-kulturelle-rechte/recht-auf-bildung
247 www.aktion-mensch.de/dafuer-stehen-wir/was-ist-inklusion/analphabetismus

Hilfsarbeiter auf dem Bau (jeder Zweite) sowie Köche, Maler und Lkw-Fahrer. Hier kann jeder Vierte nicht lesen und schreiben." Wir sollten uns schämen, dass so etwas in Deutschland möglich ist. Und jetzt wollen wir mit diesen Menschen die Infrastruktur und die Wirtschaft komplett umbauen, neue technische und gesellschaftliche Lösungen finden und dabei unser demokratisches System am Laufen halten, ohne dass es zur Revolution kommt? Wer nicht versteht, was um ihn herum passiert, und sich darüber auch nicht selbständig informieren kann, wird die Veränderungen schwerlich mit sich machen lassen. In diesen Gruppen findet sich der Nährboden für politische Rattenfänger. Ohne Allgemeinbildung wird die Energiewende nicht gelingen.

Praktisch jedes Handwerk klagt über unfähige Bewerber und Bewerberinnen auf Ausbildungsplätze. Von Seiten der Kammern wird dann gerne auf die Überbetonung der akademischen Bildung zu Lasten der beruflichen Ausbildung gesprochen. Jugendliche mit klassischem Abitur hat man aber meist im zarten Alter von 10 Jahren auf eine Schiene gesetzt, die diese Spaltung der Gesellschaft in Kopf- und Handarbeiter vorantreibt. Das setzt sich dann in den sozialen Schichten fort und äußert sich im Freundeskreis bis hin zum Lebenspartner. Hinter verschlossenen Türen geben daher Expertinnen und Experten aus dem Handwerk gerne zu, dass sie sich auf ihre klassische Klientel konzentrieren müssten, um das Nachwuchsproblem in den Griff zu bekommen. Niemand, der Germanistik studieren will, wird sich zum Fassadenreiniger ausbilden lassen. Hier prallen zwei Welten aufeinander. Allerdings wird ohne berufliche Bildung die Energiewende nicht gelingen. Das bedeutet aber auch, dass eine schulische und vor allem eine garantierte Mindestqualifikation vorausgehen muss.

Die Situation im akademischen Bereich erweist sich als nicht weniger schwierig. Jugendliche mit Abitur sind während ihrer gesamten Schulzeit ab der 5. Klasse nicht mehr mit den Realitäten von Wirtschaft und Berufsleben in Kontakt gekommen und wählen daher ihr Studienfach aufgrund fragwürdiger Leitbilder und falscher Vorstellungen von dem, was sie in der Wirklichkeit erwartet. Hauptsache, es ist cool. Nur allzu oft, mittlerweile nahezu in der Hälfte der Fälle, erweist sich die Entscheidung als falsch, insbesondere was die Vorbildung und die Leistungsfähigkeit betrifft. Leider werden auch in den Hochschulen selbst Berufsbilder tradiert, die sich an einer karrierebetonten Wachstumsgesellschaft ausrichten und auf veränderte Sichtweisen auf die Lebensgestaltung und die Notwendigkeiten einer Welt im Umbruch zu wenig Rücksicht nehmen. Dass Erstsemester dann feststellen: „Das ist hier nicht meins!“, kann kaum verwundern. Allerdings wird die Energiewende auch ohne akademische Bildung nicht gelingen. Der Umbau setzt auf Fachkompetenz, Innovationskraft, Fantasie und Selbstkritik.

Kommen wir daher zum Kern des Problems. Glauben wir wirklich ernsthaft, dass die Jugend immer dümmer wird? Wie wahrscheinlich ist das angesichts der langen urzeitlichen Geschichte des Cro-Magnon-Menschen? Es scheint viel wahrscheinlicher, dass die Intelligenz weiterhin so verteilt ist, wie sie das vor Jahrtausenden schon war. Die OECD bescheinigt uns außerdem immer wieder, dass Jugendliche aus bildungsfernen Schichten geringe bis keine Chancen haben, in Deutschland ins Bildungsbürgertum aufzusteigen. Rein genetisch lässt sich das nicht begründen, denn es gelingt ja in diversen anderen Ländern der Welt. Der Fehler steckt im System, und ihn begehen die Erwachsenen. Die eigentliche Dummheit ist die Dummheit unserer Bildungspolitik. Das mangelnde Leistungsvermögen der kommenden Generation vorzuschieben, ist eine ganz billige und zudem extrem gefährliche Ausrede. Man mag den Eindruck gewinnen, wir Alten hätten Angst davor, gescheitert zu sein. Trotzdem sollten wir das Problem bald lösen, sonst löst es unsere Gesellschaft auf.

Vorsorge

Schaffen wir das 2-Grad-Ziel? Wehe, wenn nicht. Wenn man jetzt zu den Vorsichtigen gehört, wird man sich Gedanken um die andere Art der Daseinsvorsorge machen. Dann geht es nicht mehr um Energie, sondern um den Schutz vor den Klimafolgen. Katastrophenschützer müssen sich leider immer mit den schlimmsten aller Fälle befassen: größtmögliche Wassermassen, extreme Temperaturen, Orkane, Ausfall der technischen Systeme und der Nahrungsmittelversorgung. Man wird als Normalbürger schnell panisch angesichts der möglichen Folgen solcher Horrorszenarien. Vorsorge dieser Art kostet Geld, und es ist wie bei Versicherungen: Wie viel ist zu wenig, wie viel ist genug?

Bisher hatten wir in Deutschland das große Glück, dass wirklich extreme Wetterlagen ein weitgehend regionales Phänomen waren. Die Stürme hinterließen zwar immer eine Schneise der Verwüstung von West nach Ost, es war im Einzelfall bedauerlich, im Ganzen aber beherrschbar. Eine langanhaltende Großwetterlage mit polarer Kälte oder extremer Hitze im Sommer, ein festliegendes Hochdruckgebiet über ganz Mitteleuropa hinterlässt da schon einen anderen Eindruck, besonders bei den Landwirten und damit bei den Lebensmittelpreisen.

An einigen Stellen müssen wir technische Vorgaben nachjustieren, wenn es um Durchflussmengen oder zulässige Temperaturbereiche geht. Wir müssen Flüsse vor zu großer Wasserfracht schützen, indem wir Speicher und Dämme anlegen, und der Ausblick auf ein Gewässer sollte beim Hausbau in Zukunft nicht unbedingt ein positives Kriterium sein. Windlasten, die Gestaltung von Dächern oder der Schutz vor Sonneneinstrahlung sind alles Schrauben, an denen wir drehen können, um die Schäden zu minimieren. Wer sein Haus nicht richtig versichert oder es aufgrund einer Risikoeinschätzung nicht mehr versichert bekommt, kann in Zukunft nicht mehr mit der Solidarität der Gemeinschaft rechnen. Hohe, alte Bäume auf der Westseite des Hauses sind zwar schön, aber vielleicht riskant. Im Abschnitt über das Wohnen der Zukunft haben wir ja bereits ein paar Sicherungsmaßnahmen in Städten diskutiert wie die Schwammstadt oder Durchlüftungsschneisen. Das sind alles Maßnahmen für moderate Klimaveränderungen, wie sie bei Einhalten der 2-Grad-Marke zu erwarten sind. Wenn man mehr tun will, fühlt man sich ein wenig an eine Ritterrüstung erinnert: Hilft sie oder hindert sie eher?

Im Zusammenhang mit der Klimavorsorge fällt häufig das Stichwort „Resilienz", was so viel wie Widerstandsfähigkeit bedeutet. Im Grunde sind diese ganzen Vorsorgemaßnahmen gleichzeitig Resilienzmaßnahmen, jede Zusatzaktion kostet Geld und Aufwand, und schon geht das Gemaule los. Wer in der Wirtschaft gegenwärtig Verantwortung trägt, hat ständig die Kosten im Auge. Das bisherige Optimierungsziel ist nicht Resilienz, sondern Effizienz. Das birgt Risiken in der Krise, wie man bei Corona gesehen hat. Damit man sich als Laie besser vorstellen kann, wie wir unsere Wirtschaft mit Just-in-time-Produktion und Rationalisierungsmaßnahmen ausgerichtet haben, mal ein kleines Alltagsbeispiel: Wie legen Sie Ihr Handy auf den Tisch, wenn Sie es ablegen möchten? Sicher doch irgendwie ein Stück vom Rand weg, wenn dort Platz ist, sodass es möglichst nicht übersteht und nicht irgendein Trottel es beim Vorbeigehen herunterreißen kann. Aus Sicht einer effizienten Nutzung der Tischfläche würde es aber völlig ausreichen, es so hinzulegen, dass etwas mehr als die Hälfte des Handys auf dem Tisch liegt und das mit dem Schwerpunkt passt. Probieren Sie es aus. Klappt doch, oder?

Jede und jeder von uns zuckt instinktiv zusammen, wenn jemand so etwas Teures solchen Gefahren aussetzt. Die Lebenserfahrung sagt einem einfach, dass man sich nicht auf eine störungsfreie Situation verlassen sollte. Dazu findet sich schon ein Trottel, der das Bild stört. In der Wirtschaft scheint die Wahrnehmung etwas anders zu sein, nicht bei allen, aber zumindest im Lehrbuch. Sicherheit kostet. Natürlich finden wir es auch krank, wenn jemand mit dem Maßband in der Hand das Handy genau in der Mitte des Tisches platziert. Das wäre vom Risiko her der günstigste Fall, aber irgendwie pervers.

Lassen Sie uns trotzdem nicht mehr alles auf Kante nähen! Die Risiken nehmen zu, wir werden häufiger Ersatzlösungen brauchen, technische Systeme können ausfallen und man kann den möglichen Schaden versuchen klein zu halten.

Unser Handeln

Was kann man also tun? Es geht nicht um das Klein-Klein, wir brauchen die großen Hebel:

- Nehmen Sie die Klimakrise ernst, sonst wird daraus eine Katastrophe. Man kann wissenschaftlich belegen, dass sie da ist und von uns Menschen durch unsere Lebensweise vor allem in den Industrienationen wesentlich verursacht wurde.
- Lassen Sie sich nicht für dumm verkaufen, wenn man Ihnen erzählen will, es gäbe Methoden, Klimagase im erforderlichen Maß aus der Luft zu entfernen. Es geht vor allem darum, unseren CO_2- und Methan-Ausstoß zu reduzieren. Punkt. Alles andere ist Augenwischerei, um das eigene Geschäftsmodell noch möglichst lange zu erhalten.
- Es ist allen Schweiß, alle Mühen und alle Tränen wert, die nötig sind, um unsere Energieversorgung jetzt umzustellen. Wir vermeiden damit das Schlimmste, nämlich das Blutvergießen im übertragenen wie im tatsächlichen Sinne.
- Lassen Sie sich nicht vorspiegeln, es könne alles so bleiben, wie es ist. Das war noch nie so, und so wird es auch diesmal nicht sein. Wird es besser? Ja, aber es wird auch anders.
- Widersprechen Sie Menschen, die bei den vorgenannten Punkten anderer Meinung sind. Machen Sie sich fit und schlau in Sachen Klimaschutz. Geben Sie Kontra. Retten Sie uns Menschen, retten Sie die Tier- und Pflanzenwelt.

- Wir haben Anlass zur Hoffnung, dass uns etwas gelingt. An vielen Stellen sind wir weiter als behauptet, vieles ist realistischer als vermutet. Nicht alles wird möglich sein, aber die Chancen werden mit jedem Zehntelgrad besser, um das die Erde sich nicht erwärmt. Deshalb lohnen sich auch kleine Schritte im Rahmen unserer Möglichkeiten. Sie werden Gefallen daran finden, nicht immer nur das Haar in der Suppe zu suchen.
- Es gibt keinen Typ „neuer Mensch". Daran sind große Religionen und Ideologien gescheitert. Wir müssen mit den Unzulänglichkeiten, aber auch den Möglichkeiten unserer Psyche, unseres Großhirns zurechtkommen. Aber jede und jeder kann Vorbild sein für Kinder, Freunde, Nachbarn und andere Mitmenschen.
- Auch wenn Sie keine Nachkommen haben und sich schon alt fühlen, sollte Ihnen die Klimakrise nicht gleichgültig sein. Wir alle sind soziale Wesen, die mit anderen Menschen mitleiden. Dafür sorgt unser Gehirn schon ganz von allein. Auch stirbt es sich leichter mit dem Gefühl, die Erde als lebenswerten Ort zu verlassen, als wenn die Perspektive eine Höllenvision und man selbst daran schuld wäre.
- Wir müssen Verhaltensweisen, Regeln und Strukturen mit Geduld und Hartnäckigkeit anpassen. Natürlich wäre schneller besser, aber vorwärts ist besser als Stillstand. Uns bleibt hoffentlich noch Zeit bis 2050. Fehlentwicklungen müssen wir beseitigen, menschenverachtendes Verhalten unter Strafe stellen. Veränderung muss für alle gelten, Bildung wird unser Überleben sichern.

Suchen Sie sich etwas aus, mit dem Sie anfangen wollen. Konfuzius soll gesagt haben, es sei besser, ein Licht anzuzünden, als über die Dunkelheit zu schimpfen. Aber nicht anzünden, sondern bitte anschalten.

Nachwort

Wir brauchen weniger Aufregung und mehr Sachkompetenz in Sachen Klimaschutz und Energiewende. Das gilt auch für die schreibende Zunft, die, gebeutelt vom Internet und dessen scheinbar kostenlosen Angeboten, sich unglaublich anstrengen muss, überhaupt noch mit irgendetwas Geld zu verdienen. In der Not äußert man sich dann auch mal zu Sachen, von denen man wenig Ahnung hat. Hauptsache, die Seiten oder Sendeminuten werden gefüllt. Das gilt leider nicht nur für allgemeine Presseorgane, sondern auch für Wissenschaftsmagazine und entsprechende Rubriken in Tages- und Wochenzeitungen.

Noch schlimmer ist es allerdings, wenn ahnungslose Journalisten von hochbezahlten PR-Abteilungen mit Material versorgt werden und sich als Sprachrohr zweifelhafter Informationen gebärden. Als Wissenschaftlerin oder Wissenschaftler hat man dann immer alle Mühe, die Leute wieder auf die richtige Bahn zu bringen, ohne den ganzen Holzweg rückwärts zu fahren. Man fühlt sich manchmal an einen alten Hamburger Witz erinnert. „Hein, du hier? Fiete hat erzählt, du bist tot." „Siehst ja, ich leb noch." „Na ja, Fiete is'n ehrlicher Kerl. Und du hast mich neulich auch mal belogen." Wer glaubt hier wem und warum?

Wir brauchen deshalb auch mehr Redlichkeit in Sachen Klimaschutz und Energiewende. Es geht schließlich um unser aller Weiterleben. Wenn ein Ministerpräsident aus dem Süden der Republik lautstark das Wiederanfahren der Kernkraftwerke fordert, muss er sich die Fragen gefallen lassen, ob er mal die Energieversorgungsunternehmen konsultiert hat, ob er ein Endlager bereitstellen wird und ob ihn seine Beraterinnen und Berater über die drohenden Stromengpässe in seinem Bundesland informiert haben. Vermutlich Letzteres, denn sonst macht der Versuch wenig Sinn, das Rad, das man selbst vorwärts gedreht hat, zurückzudrehen. Außer, man will einfach noch einmal auf den politischen Gegner einprügeln, egal womit. Also bitte!

Wenn Sie dieses Buch ein Stück in Sachen Energiewende vorangebracht hat, würde es mich sehr freuen. Wenn Sie bei bestimmten meiner Aussagen weitergehende Erkenntnisse haben, lassen Sie es mich gerne wissen.

Danksagung

Wem will man danken, wenn man so eine breite Übersicht schreibt?

Mein langjähriger Schulfreund und Schreibprofi Christoph Fasel hat die ersten Kapitel gelesen, sich um Kontakte gekümmert und mich ermuntert, das Buch fertig zu schreiben. Ich hoffe, der Rest ist so geworden, wie Du es Dir vorgestellt hast.

Dank an meine Institutskolleginnen und -kollegen von ITD in Heide für die zahlreichen Diskussionen, Vorträge und Veröffentlichungen, an denen ich mich entlanghangeln konnte. Ihr seid schon eine tolle Truppe und irgendwie einmalig, was die Vielfalt angeht.

Dank an meine Kolleginnen und Kollegen aus den VDE-Bundesausschüssen „Ingenieurausbildung" und „Studium, Beruf und Gesellschaft". Die Vorbereitungen der Sitzungen und die Positionspapiere haben mich über mehr als 10 Jahre nachhaltig geprägt und meine Argumente auf eine breitere Basis gestellt und geschärft. Es war mir eine Ehre und ein Vergnügen.

Meinen Kolleginnen und Kollegen aus dem Vorstand des Fachbereichstages Elektrotechnik und Informationstechnik verdanke ich 15 Jahre Redaktionsarbeit für unser Journal und damit die Weiterentwicklung zum „Schreiberling". Ihr musstet manchen Beitrag von mir ertragen, auch wenn er sehr pointiert ausfiel. Leider habe ich heute keine Glosse für Euch.

Zum Abschluss möchte mich bei allen entschuldigen, die sich daran stören, dass der Text nicht gegendert ist. Ich finde, er ist auch so schon schwierig genug zu lesen. In meinem Berufsleben habe ich immer mit allen Geschlechtern gut zusammengearbeitet und alle gleichermaßen gefördert, wenn es in meiner Macht stand. Das – meine ich – zählt.

ISBN 978-3-7598-8438-1

www.epubli.com